HTML+CSS+ JavaScript

网页制作实用教程

赵良涛 编著

人民邮电出版社

北　京

图书在版编目（ＣＩＰ）数据

HTML+CSS+JavaScript网页制作实用教程 / 赵良涛编
著. -- 北京 ：人民邮电出版社，2020.8（2022.8重印）
ISBN 978-7-115-53664-8

Ⅰ. ①H… Ⅱ. ①赵… Ⅲ. ①超文本标记语言－程序
设计－教材②网页制作工具－教材③JAVA语言－程序设计
－教材 Ⅳ. ①TP312.8②TP393.092.2

中国版本图书馆CIP数据核字(2020)第046868号

内 容 提 要

本书全面介绍了使用 HTML、CSS、JavaScript 进行网页设计和制作的各方面内容和技巧。全书共 16
章，主要内容包括 HTML5 入门基础、HTML 基本标记、使用图像和多媒体元素、使用表格、HTML5 开
发实战、设计特效文字样式、设计图像和背景样式、使用 CSS 设计表单和表格样式、使用链接与列表设
计网站导航、移动网页设计基础 CSS3、CSS 盒子模型与布局入门、CSS 定位布局方法、JavaScript 语法
基础、JavaScript 中的事件、JavaScript 中的函数和对象、公司宣传网站布局综合实例。

随书提供课堂案例、课堂练习、课后习题的源文件，以及典型案例在线教学视频。同时还为老师提
供 PPT 教学课件、教学规划参考、教学大纲等资源，便于老师课堂教学。

本书语言简洁、内容丰富，适合网页设计与制作人员、网站建设与开发人员、大中专院校相关专业
师生、网页制作培训班学员、个人网站爱好者与自学读者阅读。

◆ 编　著　赵良涛
　　责任编辑　张丹阳
　　责任印制　马振武

◆ 人民邮电出版社出版发行　　北京市丰台区成寿寺路 11 号
　　邮编　100164　电子邮件　315@ptpress.com.cn
　　网址　https://www.ptpress.com.cn
　　北京九州迅驰传媒文化有限公司印刷

◆ 开本：787×1092　1/16
　　印张：18　　　　　　　　　2020 年 8 月第 1 版
　　字数：432 千字　　　　　　2022 年 8 月北京第 3 次印刷

定价：49.00 元

读者服务热线：(010)81055410　印装质量热线：(010)81055316
反盗版热线：(010)81055315
广告经营许可证：京东市监广登字 20170147 号

现在的网页制作领域综合了多种技术，初学者该怎样学习网页制作呢？如今制作网页的新技术层出不穷、日新月异，但有一点是不变的，即不管是采用什么技术设计的网站，用户在客户端通过浏览器打开的网页都是"静态网页"。目前，大部分制作网页的方式都是运用可视化的网页编辑软件，这些软件的功能很强大，使用非常方便。但是对于高级的网页制作人员来讲，仍需掌握HTML、CSS、JavaScript等网页设计语言和技术的使用，因为HTML、CSS和JavaScript技术是网页制作技术的基础和核心。高级的网页制作人员只有掌握了HTML、CSS、JavaScript等网页设计语言和技术，才能充分发挥丰富的想象力，更加随心所欲地在符合标准的网页中添加创新的设计，以实现网页设计软件不能实现的许多重要功能。

■ 本书主要特色

完善的知识结构：本书从网页制作的实际出发，将所有HTML、CSS和JavaScript元素进行归类。每个标记的语法、属性和参数都有完整详细的说明。本书信息量大，知识结构完善。

大量的真实案例：本书全部语法均采用真实案例进行分析讲解，每个知识点均配以相应实例。读者可以边分析代码，边查看结果，以一种可视化的方式来学习语法，避免了单纯学习语法的枯燥与乏味。边学边做，从做中学，学习可以更深入、更高效。

实用性强：本书把"实用"作为首要编写原则，重点选取实际开发工作中用得到的知识点，并按知识点的常用程度进行了详略调整，希望读者可以用最短的时间掌握开发必备知识。

配图丰富，效果直观：对于每一个实例代码，本书都配有相应的效果图，读者无须自己进行编码，也可以看到相应的运行结果或者显示效果。在不便上机操作的情况下，读者也可以根据书中的实例和对应的效果图进行分析和比较。

习题强化：每章后都附有针对性的课后习题，读者可以通过习题巩固每章所学的知识。

■ 本书读者对象

- **网页设计与制作人员。**
- **网站建设与开发人员。**
- **大中专院校相关专业师生。**
- **网页制作培训班学员。**
- **个人网站爱好者与自学读者。**

■ 结构展示

提示：针对软件的实用技巧及制
作过程中的难点进行重点提示。

本章小节：总结每章的学习重点。

课堂案例：针对知识点安排课堂案
例，讲解语法的使用规则，并通过
实例代码和效果介绍各功能的使用。

课堂练习：课堂案例的拓展延伸，
供读者活学活用，巩固所学知识。

课后习题：安排重要的习题，让读
者在学完相应内容以后继续强化所
学技术。

本书由菏泽学院赵良涛老师主编。赵良涛老师从事计算机教学工作多年，有着丰富的教学经验和前端开发经
验。书中若有疏漏之处，欢迎广大读者批评指正。

编者
2020年7月

RESOURCES AND SUPPORT 资源与支持

本书由"数艺设"出品，"数艺设"社区平台（www.shuyishe.com）为您提供后续服务。

■ 配套资源

源文件：书中课堂案例、课堂练习和课后习题的源文件。

视频教程：典型案例在线教学视频。

教师资源：PPT教学课件、教学规划参考、教学大纲。

■ 资源获取请扫码

"数艺设"社区平台，为艺术设计从业者提供专业的教育产品。

■ 与我们联系

我们的联系邮箱是 szys@ptpress.com.cn。如果您对本书有任何疑问或建议，请您发邮件给我们，并请在邮件标题中注明本书书名及ISBN，以便我们更高效地做出反馈。

如果您有兴趣出版图书、录制教学课程，或者参与技术审校等工作，可以发邮件给我们；有意出版图书的作者也可以到"数艺设"社区平台在线投稿（直接访问 www.shuyishe.com 即可）。如果学校、培训机构或企业想批量购买本书或"数艺设"出版的其他图书，也可以发邮件联系我们。

如果您在网上发现针对"数艺设"出品图书的各种形式的盗版行为，包括对图书全部或部分内容的非授权传播，请您将怀疑有侵权行为的链接通过邮件发给我们。您的这一举动是对作者权益的保护，也是我们持续为您提供有价值的内容的动力之源。

■ 关于"数艺设"

人民邮电出版社有限公司旗下品牌"数艺设"，专注于专业艺术设计类图书出版，为艺术设计从业者提供专业的图书、U书、课程等教育产品。出版领域涉及平面、三维、影视、摄影与后期等数字艺术门类，字体设计、品牌设计、色彩设计等设计理论与应用门类，UI设计、电商设计、新媒体设计、游戏设计、交互设计、原型设计等互联网设计门类，环艺设计手绘、插画设计手绘、工业设计手绘等设计手绘门类。更多服务请访问"数艺设"社区平台www.shuyishe.com。我们将提供及时、准确、专业的学习服务。

目 录 CONTENTS

目 录 CONTENTS

目 录 CONTENTS

第1章

HTML5入门基础

当今社会，网络已成为人们生活的一部分，网页设计技术已成为计算机领域的重要学习内容之一。目前大部分网页都采用可视化网页编辑软件来制作，无论采用哪一种网页编辑软件，最后都是将所设计的网页转化为HTML。HTML是搭建网页的基础语言，如果不了解HTML，就不能灵活地实现想要的网页效果。本章主要介绍HTML的基本概念、HTML文件的编写方法，以及浏览HTML文件的方法，使读者对HTML有个初步的了解，从而为后面的学习打下基础。

学习目标

- 了解HTML的基本概念
- 掌握新增的主体结构元素和非主体结构元素
- 掌握HTML文件的编写方法

1.1 HTML简介

HTML的英文全称是Hyper Text Markup Language，意为超文本标记语言，它是互联网上描述网页内容和外观的标准。

HTML作为一款标记语言，本身不能显示在浏览器中。标记语言经过浏览器的解释和编译，才能正确地显示网页内容。HTML版本从1.0到5.0经历了巨大的变化，从单一的文本显示功能到多功能互动，许多特性经过多年的完善，使它成为了一款非常成熟的标记语言。

HTML不是一款编程语言，而是一款描述性的标记语言，用于描述超文本中内容的显示方式。例如，文字以什么颜色、大小来显示等，这些都是利用HTML语言来描述的。其最基本的语法就是<标记>内容</标记>。标记通常是成对使用的，有一个开头标记和一个结束标记，结束标记只是在开头标记的前面加一个斜杠"/"，当浏览器收到HTML文件后，就会解析里面的标记，然后把标记相对应的功能表达出来。

例如，在HTML中用<I></I>标记来定义文字为斜体字，用<B></B>标记来定义文字为粗体字。当浏览器遇到<I></I>标记时，就会把<I></I>标记中的所有文字以斜体样式显示出来；遇到<B></B>标记时，就会把<B></B>标记中的所有文字以粗体样式显示出来。

HTML中的标记还可以嵌套，也可以放置各种属性。此外，在源文件中标记是不区分大小写的。

HTML定义了以下4种标记，用于描述页面的整体结构。

<!doctype html>标记：告知浏览器文档所使用的HTML规范。

<html>标记：它放在HTML文件的开头，表示网页文档的开始。

<head>标记：出现在文档的起始部分，标明文档的头部信息，一般包括标题和主题信息，其结束标记</head>指明文档标题部分的结束。

<body>标记：用来指明文档的主体区域，网页所要显示的内容都放在这个标记内，其结束标记</body>指明主体区域的结束。

1.2 HTML文件的编写方法

HTML文件的编写方法有两种，一种是利用记事本编写，另一种是在Dreamweaver中编写HTML代码。

1.2.1 课堂案例——使用记事本编写HTML文件

HTML是一款以文字为基础的语言，并不需要特殊的开发环境，可以直接在Windows操作系统自带的记事本中编写。HTML文档以.html为扩展名，将HTML源代码输入记事本并保存之后，可以在浏览器中打开文档以查看其效果。使用记事本编写HTML文件的具体操作步骤如下。

（1）执行【开始】|【所有程序】|【附件】|【记事本】命令，打开记事本，即可编写HTML代码，如图1.1所示。

（2）当编辑完HTML文件后，执行【文件】|【保存】命令，弹出【另存为】对话框，将它存为扩展名为.htm或.html的文件即可，如图1.2所示。

图1.1　编辑HTML代码

图1.2　【另存为】对话框

（3）单击【保存】按钮，保存文档。打开网页文档，在浏览器中可以查看预览效果，如图1.3所示。

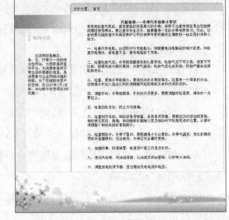

提示

任何文字编辑器都可以用来编辑HTML代码，但必须记住，要以.html的扩展名对其加以保存。

图1.3　预览效果

1.2.2　课堂案例——使用Dreamweaver编写HTML文件

使用Dreamweaver编写HTML文件，具体操作步骤如下。

（1）打开Dreamweaver，新建一个文档，单击"代码"按钮，打开代码视图，在代码视图中可以输入HTML代码，如图1.4所示。

（2）输入代码完成后，单击"设计"按钮，切换到设计视图，效果如图1.5所示。

图1.4　编辑代码

图1.5　设计视图中的效果

1.3 新增的主体结构元素

为了使文档的结构更加清晰明确，容易阅读，HTML5中增加了很多新的结构元素，如页眉、页脚、内容区块等结构元素。

1.3.1 课堂案例——使用article元素

article元素可以包含独立的内容项，例如包含一篇论坛帖子、一篇杂志文章、一篇博客文章、用户评论等。这个元素可以将信息各部分进行任意分组，而不考虑信息原来的性质。

作为文档的独立部分，每一个article元素的内容都具有独立的结构。它们不仅能用在正文中，还能用在文档的各个节中。

下面讲述article元素的使用，具体代码如下。

```html
<article>
    <header>
        <h1>北京房山十渡风景区简介</h1>
    </header>
    <p>十渡位于北京西南，属北京市房山区，与河北省涞水县野三坡相邻，距北京市区（六里桥）约90公里。十渡
    是有山有水的自然风景区，独特的喀斯特地貌北方罕见，因此被评为世界地质公园，国家AAAA级风景区。流经十渡的河
    名叫拒马河，十渡的山属太行山余脉。 <br>
        <br>
    十渡的游玩主要集中在六渡（孤山寨）、九渡（拒马乐园）、十五渡（东湖港）、十七渡（有山家园，野战大东沟
    .真人CS）、十八渡（拒马河第一漂）。</p>
    <footer>
        <p><small>版权所有</small></p>
    </footer>
</article>
```

header元素中嵌入了文章的标题部分，h1元素中是文章的标题"北京房山十渡风景区简介"。标题下部的p元素中是文章的正文，结尾处的footer元素中是文章的版权声明。对这部分内容使用了article元素。在浏览器中的效果如图1.6所示。

图1.6 article元素实例

另外，article元素也可以用来表示插件，它的作用是使插件看起来好像内嵌在页面中一样。代码示例如下。

```html
<article>
    <h1>article表示插件</h1>
    <object>
        <param name="allowfullscreen" value="true">
        <embed src="#" width="600" height="395"></embed>
    </object>
</article>
```

一个网页中可能有多个独立的article元素，每个article元素都允许有自己的标题与脚注等从属元素，并允许对自己的从属元素单独使用样式。一个网页中的样式可能如下所示。

```
header{
    display:block;
    color:green;
    text-align:center;
}
    aritcle header{
    color:red;
    text-align:left;
}
```

1.3.2 课堂案例——使用section元素

section元素用于对网站页面上的内容进行分块。一个section元素通常由内容及其标题组成。但section元素也并非一个普通的容器元素，当一个容器需要被重新定义样式或者定义脚本行为的时候，还是推荐使用Div控制。

下面是一个带有section元素的例子。

```
<article>
    <h1>李白</h1>
    <p>字太白，号青莲居士，唐代伟大的浪漫主义诗人，被后人誉为诗仙。李白存世诗文千余篇，有《李太白集》
传世。</p>
    <section>
        <h3>望庐山瀑布</h3>
        <p>日照香炉生紫烟，遥看瀑布挂前川。<br>
        飞流直下三千尺，疑是银河落九天。</p>
    </section>
    <section>
        <h3>早发白帝城</h3>
        <p>朝辞白帝彩云间，千里江陵一日还。<br>
        两岸猿声啼不住，轻舟已过万重山。</p>
    </section>
</article>
```

从上面的代码可以看出，网页整体呈现的是一段完整、独立的内容，所以要用article元素包起来，这其中又可分为3段，每一段都有一个独立的标题，使用了两个section元素为其分段，这样可以使文档的结构更清晰。在浏览器中的效果如图1.7所示。

article元素和section元素有什么区别呢？在HTML5中，article元素可以看成是一种特殊种类的section元素，它比section元素更强调独立性，即section元素强调分段或分块，而article元素强调独立性。当一块内容相对来说比较独立、完整的时候，应该使用article元素；但是当想将一块内容分成几段的时候，应该使用section元素。

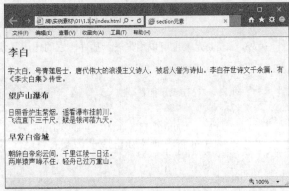

图1.7 带有section元素的article元素示例

1.3.3　课堂案例——使用nav元素

nav元素在HTML5中用于包裹一个导航链接组，以说明这是一个导航组，同一个页面中可以同时存在多个nav元素。

并不是所有的链接组都要放进nav元素，只需要将主要的、基本的链接组放进nav元素即可。例如，页脚中通常会有一组链接，包括服务条款、首页、版权声明等，这时使用nav元素是最恰当的。在HTML5中，可以直接将导航链接列表放到<nav>标记中，代码示例如下。

```html
<nav>
  <ul>
    <li><a href="index.html">主页</a></li>
    <li><a href="#">个人简介</a></li>
    <li><a href="#">工作经历</a></li>
  </ul>
</nav>
```

导航可以是页与页之间导航，也可以是页内的段与段之间导航，如以下代码示例。

```html
<!doctype html>
<title>页面之间导航</title>
<header>
  <h1>网站页面之间导航</h1>
  <nav>
    <ul>
    <li><a href="index.html">首页</a></li>
    <li><a href="about.html">公司介绍</a></li>
    <li><a href="news.html">公司新闻</a></li>
    </ul>
  </nav>
</header>
```

该示例是页面之间的导航，nav元素中包含了3个用于导航的超链接，即"首页""公司介绍""公司新闻"。该导航可用作全局导航，也可放在某个段落作为区域导航。在浏览器中的效果如图1.8所示。

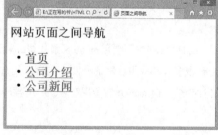

图1.8　页面之间导航

下面的示例是页内导航，在浏览器中的效果如图1.9所示。

```html
<!doctype html>
<title>页内导航</title>
<header></header>
<article>
  <h2>文章的标题</h2>
  <nav>
```

图1.9　页内导航

17

```
    <ul>
    <li><a href="#p1">段一</a></li>
    <li><a href="#p2">段二</a></li>
    <li><a href="#p3">段三</a></li>
    </ul>
    </nav>
    <p id=p1>段一</p>
    <p id=p2>段二</p>
    <p id=p3>段三</p>
</article>
```

nav元素适用于哪些位置呢?

（1）顶部传统导航条:现在主流网站上都有不同层级的导航条,其作用是从当前页面跳转到网站的其他主要页面上。图1.10所示为顶部传统导航条。

（2）侧边导航:现在很多企业网站和购物类网站上都有侧边导航。图1.11所示为右侧导航。

图1.10　顶部传统导航条

图1.11　右侧导航

（3）页内导航:页内导航的作用是在本页面几个主要的组成部分之间进行跳转,图1.12所示为页内导航。

在HTML5中不要用menu元素代替nav元素。过去有很多Web应用程序的开发人员喜欢用menu元素进行导航,但menu元素是用在Web应用程序中的。

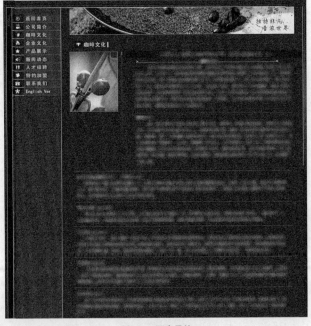

图1.12　页内导航

1.3.4　课堂案例——使用aside元素

aside元素用来表示当前页面或文章的附属信息部分，它可以包含与当前页面或与主要内容相关的引用、侧边栏、广告、导航条，以及其他有别于主要内容的部分。

aside元素主要有以下两种使用方法。

（1）包含在article元素中作为主要内容的附属信息部分，其中的内容可以是与当前文章有关的参考资料、名词解释等，代码结构形式如下所示。

```
<article>
 <h1>…</h1>
 <p>…</p>
 <aside>…</aside>
</article>
```

（2）在article元素之外使用作为页面或站点全局的附属信息部分。最典型的是侧边栏，其中的内容可以是友情链接、文章列表、广告单元等。代码示例如下所示，在浏览器中的效果如图1.13所示。

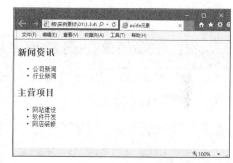

图1.13　aside元素示例

```
<aside>
 <h2>新闻资讯</h2>
 <ul>
    <li>公司新闻</li>
    <li>行业新闻</li>
 </ul>
 <h2>主营项目</h2>
 <ul>
    <li>网站建设</li>
    <li>软件开发</li>
    <li>网店装修</li>
 </ul>
</aside>
```

1.4　新增的非主体结构元素

除了以上几个主要的结构元素之外，HTML5内还增加了一些表示逻辑结构或附加信息的非主体结构元素。

1.4.1　课堂案例——使用header元素

header元素是一种具有引导和导航作用的结构元素，通常用来放置整个页面或页面内的一个内容区块的标题。header元素也可以包含其他内容，如表格、表单或相关的Logo图片。

在架构页面时，整个页面的标题常放在页面的开头，header元素一般都放在页面的顶部。可以用如下形式书写页面的标题。

```
<header>
  <h1>页面标题</h1>
</header>
```

一个网页可以拥有多个header元素，可以为每个内容区块加一个header元素。代码示例如下所示。

```
<header>
    <h1>网页标题</h1>
</header>
<article>
    <header>
        <h1>文章标题</h1>
    </header>
    <p>文章正文</p>
</article>
```

在HTML5中，一个header元素通常包括至少一个headering元素（h1~h6），也可以包括hgroup、nav等元素。

右边是一个网页中header元素使用示例，在浏览器中的效果如图1.14所示。

图1.14　header元素使用示例

```
<header>
    <hgroup>
        <h1>资产管理有限公司</h1>
        <p> 资产管理有限公司是为改善民营中小企业
融资难问题，改善全市金融服务环境，规范个人、企业
贷款渠道而鼓励成立的集贷款咨询、融资为一体的专业
贷款咨询服务公司。公司经营以市场为导向，遵循金融
行业各项管理规定，有力支持中小企业发展，为个人贷
款、中小企业创业，资金周转提供最为优质的融资咨询
服务，在业内获得一致好评。……</p>
    </hgroup>
    <nav>
        <ul>
            <li>配资介绍</li>
            <li>公司优势</li>
            <li>账户安排</li>
        </ul>
    </nav>
</header>
```

1.4.2　课堂案例——使用hgroup元素

header元素位于正文开头，可以在这些元素中添加<h1>标记，用于显示标题。基本上，<h1>标记已经足够用于创建文档各部分的标题行。但是，有时候还需要添加副标题或其他信息，以说明网页或各节的内容。

hgroup元素是将标题及其子标题进行分组的元素。hgroup元素通常会将h1~h6元素进行分组，一个内容区块的标题及其子标题算一组。

通常，如果文章只有一个主标题，是不需要hgroup元素的。但是，如果文章有主标题，主标题下有子标题，就需要使用hgroup元素。如下所示为hgroup元素示例代码，在浏览器中的效果如图1.15所示。

```
<!doctype html>
<html>
    <head>
        <meta charset="utf-8">
        <title>hgroup元素</title></head>
    <article>
        <header>
            <hgroup>
```

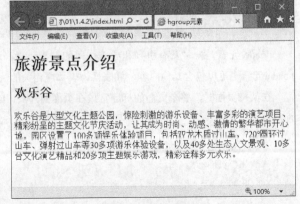

图1.15　hgroup元素示例

```
            <h1>旅游景点介绍</h1>
            <h2>欢乐谷</h2>
        </hgroup>
            <p>欢乐谷是大型文化主题公园，惊险刺激的游乐设备、丰富多彩的演艺项目、精彩纷呈的主题文化节庆
活动，让其成为时尚、动感、激情的繁华都市开心地。园区设置了100多项娱乐体验项目，包括双龙木质过山车、720°
圆环过山车、弹射过山车等30多项游乐体验设备，以及40多处生态人文景观、10多台文化演艺精品和20多项主题娱乐游
戏，精彩诠释多元欢乐。</p>
        </header>
    </article>
</html>
```

如果有标题和副标题，或在同一个header元素中加入多个标题，那么就需要使用hgroup元素。

1.4.3 课堂案例——使用footer元素

footer元素通常包括其相关区块的脚注信息，如作者、相关阅读链接及版权信息等。footer元素和header元素的使用方法基本一样，可以在一个页面中使用多次，如果在一个区段后面加入footer元素，那么它就相当于该区段的尾部了。

在HTML5出现之前，通常使用类似下面的代码来编写页面的页脚。

```
<div id="footer">
    <ul>
        <li>版权信息</li>
        <li>站点地图</li>
        <li>联系方式</li>
    </ul>
</div>
```

在HTML5中，可以不使用div元素，而用更加语义化的footer元素来写，如下所示。

```
<footer>
    <ul>
        <li>版权信息</li>
        <li>站点地图</li>
        <li>联系方式</li>
    </ul>
</footer>
```

footer元素可以用作页面整体的页脚，也可以作为一个内容区块的结尾。例如，可以将<footer>直接写在<article>或是<section>中。

在article元素中添加footer元素，如下所示。

```
<article>
    文章内容
    <footer>
        文章的脚注
    </footer>
</article>
```

在section元素中添加footer元素，如下所示。

```
<section>
    分段内容
    <footer>
        分段内容的脚注
    </footer>
</section>
```

1.4.4 课堂案例——使用address元素

address元素通常位于文档的末尾，用来在文档中呈现联系信息，包括文档创建者的名字、站点链接、电子邮箱、地址、电话号码等。address元素不只是用来呈现电子邮箱或地址这样的"地址"概念，还应该包括与文档创建人相关的各类联系方式。

下面是address元素示例。

```
<!doctype html>
<html>
<head>
<meta http-equiv="content-type" content="text/html; charset=gb2312" />
    <title>address元素实例</title>
</head>
<body>
    <address>
<a href="mailto:example@example.com"> webmaster</a><br />
某装修公司<br />
xxx区xxx号<br/>
</address>
</body>
</html>
```

浏览器中显示地址的方式与其他文档不同，IE、Firefox和Safari浏览器以斜体显示地址，如图1.16所示。

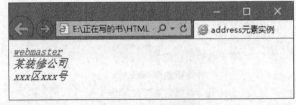

图1.16　address元素示例

还可以把footer元素、time元素与address元素结合起来使用，具体代码如下。

```
<!doctype html>
<html>
<head>
<meta http-equiv="Content-Type" content="text/html; charset=gb2312" />
    <title>footer元素、time元素与address元素结合</title>
</head>
<body>
<footer>
    <div>
      <address>
      <a title="作者：王军">王军</a>
      手机号码:1352****896
```

```
        </address>
        <br>
        发表于<time datetime="2019-11-04">2019年11月4日</time>
      </div>
    </footer>
  </body>
</html>
```

在这个示例中，文章的作者信息放在了address元素中，文章发表日期放在了time元素中，address元素与time元素中的总体内容作为脚注信息放在了footer元素中。该示例在浏览器中的效果如图1.17所示。

图1.17　footer元素、time元素与address元素结合示例

1.5　本章小结

HTML是目前网络上应用最为广泛的语言，也是构成网页文档的基本语言。本章介绍了HTML的基本概念、HTML文件的编写方法、HTML5新增的主体结构元素，以及HTML5新增的非主体结构元素。读者通过本章的学习，可以对HTML5有个初步的了解，从而为后面设计制作复杂的网页打下良好的基础。

1.6　课后习题

1. 填空题

（1）标记通常都是成对使用的，有一个_____和一个_____。结束标记只是在开头标记的前面加一个_____。当浏览器收到HTML文件后，就会解析里面的标记，然后把标记相对应的功能表达出来。

（2）HTML是超文本标记语言，主要通过各种标记来标示和排列各对象，通常由_____、_____及其中所包含的标记元素组成。

（3）由于HTML语言编写的文件是标准的ASCII文本文件，HTML文件的编写方法有两种，一种是利用_____编写，另一种是在_____中编写。

（4）_____元素可以包含独立的内容项，例如包含一篇论坛帖子、一篇杂志文章、一篇博客文章、用户评论等。

（5）_____元素在HTML5中用于包裹一个导航链接组，用于说明这是一个导航组，在同一个页面中可以同时存在多个_____。

2. 操作题

分别利用记事本和Dreamweaver创建一个简单的HTML网页。

第2章

HTML基本标记

一个完整的HTML文档必须包含3个部分：一个由<html>定义的文档版本信息部分、一个由<head>定义各项声明的文档头部和一个由<body>定义的文档主体部分。<head>作为各种声明信息的包含元素出现在文档的顶端，并且要先于<body>出现。而<body>用来显示文档主体内容。文字是网页中最基本的信息载体，文字通过不同的排版方式、不同的设计风格排列在网页上，提供了丰富的信息。文字的控制与布局在网页设计中占了很大比例，因此掌握好文字的使用，对于网页制作来说是最基本的。本章讲解这些基本标记的使用，这些基本标记是制作一个完整的网页必不可少的。

学习目标

- 掌握HTML页面主体常用设置
- 掌握页面标题标记
- 掌握标题字
- 掌握页面头部标记
- 掌握元信息标记
- 掌握段落标记

2.1 HTML页面主体常用设置

在<body>和</body>中放置的是页面中所有的内容，如图片、文字、表格、表单、超链接等设置。<body>标记有自己的属性，包括网页的背景设置、文字属性设置和链接设置等。设置<body>标记内的属性，可控制整个页面的显示方式。

2.1.1 课堂案例——定义网页背景色bgcolor

大多数浏览器默认的背景颜色为白色或灰白色。在网页设计中，bgcolor属性用于设置整个网页的背景颜色。
语法：

```
<body bgcolor="背景颜色">
```

说明：背景颜色有以下两种表示方法。
• 使用颜色名指定，例如红色、绿色分别用red、green表示。
• 使用十六进制格式数值#RRGGBB来表示，RR、GG、BB分别表示颜色中的红、绿、蓝三基色的两位十六进制数据。

举例：

```
<!doctype html>
<html>
<head>
<meta charset="utf-8">
<title>无标题文档</title>
</head>
<body bgcolor="#f0f000">
</body>
</html>
```

在代码中加粗部分bgcolor="#f0f000"是为页面设置背景颜色，在浏览器中的效果如图2.1所示。带有背景颜色的网页非常常见，图2.2所示的网页大面积使用了红色背景。

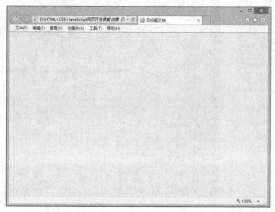

图2.1 设置页面的背景颜色

图2.2 带有背景颜色的网页

2.1.2 课堂案例——设置背景图片background

网页的背景图片可以衬托网页的显示效果，从而取得更好的视觉效果。背景图片的选择不仅要好看，而且还要注意不要"喧宾夺主"，影响网页内容的阅读。通常使用深色的背景图片配合浅色的文本，或者是浅色的背景图片配合深色的文本。background属性用来设置网页的背景图片。

语法：

```
<body background="图片的地址">
```

说明：background属性值就是背景图片的路径和文件名。图片的地址可以是相对地址，也可以是绝对地址。在默认情况下，可以省略此属性，这时图片会按照水平和垂直的方向不断重复出现，直到铺满整个页面。

举例：

```
<!doctype html>
<html>
<head>
<meta charset="utf-8">
<title>无标题文档</title>
</head>
<body background="images/bj.jpg" >
</body>
</html>
```

在代码中加粗的部分background="images/ bj.jpg"为设置的网页背景图片，在浏览器中可以看到背景图片，如图2.3所示。在网络上除了可以看到带有各种背景色的页面之外，还可以看到一些以图片作为背景的页面。图2.4所示的网页使用了背景图片。

图2.3 页面的背景图像

提示

网页中可以使用图片作为背景，但图片一定要与插图及文字的颜色相协调，才能达到美观的效果。如果色差太大，网页会失去美感。

为保证浏览器载入网页的速度，建议尽量不要使用占用存储空间过大的图片作为背景图片。

图2.4 使用了背景图像的网页

2.1.3 课堂案例——设置文字颜色text

text属性可以设置<body>标记内所有文本的颜色。在没有对文字的颜色进行单独定义时，这一属性可以对页面中所有的文字起作用。

语法：

```
<body text="文字的颜色">
```

说明：在该语法中，text属性值的设置方法与设置页面背景色的方法相同。

举例：

```
<!doctype html>
<html>
<head>
<meta charset="utf-8">
<title>设置文本颜色</title>
</head>
<body  text="#00aa00">
<p>学校坚持以人才培养、科学研究、社会服务、文化传承与创新为己任，主动适应国家经济建设需求，形成了以电力特色为主，多学科交叉融合，较为完整的学科体系。学校共有14个学院，50个本科专业，涵盖了工、理、管、文、法、经、教育、艺术8个学科门类。 </p>
</body>
</html>
```

在代码中加粗的部分text="#00aa00"为设置的文字颜色，在浏览器中可以看到文档中文字的颜色，如图2.5所示。

在网页中需要根据网页整体色彩的搭配来设置文字的颜色，例如，图2.6所示的文字和整个网页的颜色相协调。

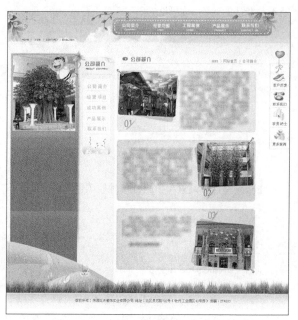

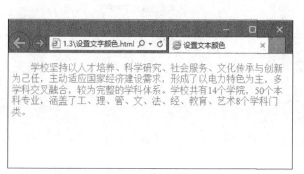

图2.5 设置文字颜色

图2.6 文字的颜色

2.1.4 课堂案例——设置链接文字属性

为了突出超链接，超链接文字通常采用与其他文字不同的颜色，超链接文字的下端还会加一条横线。网页的超链接文字有默认的颜色，在默认情况下，浏览器以蓝色作为超链接文字的颜色，访问过的超链接的颜色则变为暗红色。在<body>标记中也可自定义这些颜色。

语法：

```
<body link="颜色">
```

说明：这一属性的设置与前面几个设置颜色的属性类似，都是与<body>标记符放置在一起的，表明它对网页中所有未单独设置的元素起作用。

举例：

```
<!doctype html>
<html>
<head>
<meta charset="utf-8">
<title>设置链接文字属性</title>
</head>
<body link="#993300">
<a href="#">链接的文字</a>
</body>
</html>
```

在代码中加粗的部分link="#993300"是为链接文字设置颜色，在浏览器中预览效果，可以看到链接的文字已经不是默认的蓝色，如图2.7所示。

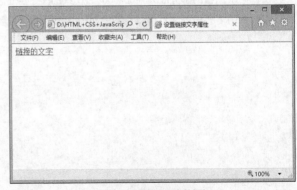

图2.7　设置链接文字的颜色

alink属性可以设置单击超链接时的颜色，举例如下。

```
<!doctype html>
<html>
<head>
<meta charset="utf-8">
<title>设置链接文字属性</title>
</head>
<body alink="#0066FF">
<a href="#">链接的文字</a>
</body>
</html>
```

在代码中加粗的部分alink="#0066FF"是为单击链接的文字时设置颜色，在浏览器中预览效果，可以看到单击链接的文字时，文字已经改变了颜色，如图2.8所示。

图2.8　单击链接时文字的颜色

vlink属性可以设置已访问过的超链接的颜色，举例如下。

```
<!doctype html>
<html>
<head>
<meta charset="utf-8">
<title>设置链接文字属性</title>
</head>
<body   vlink="#FF0000">
<a href="#">链接的文字</a>
</body>
</html>
```

在代码中加粗部分vlink="#FF0000"是为链接的文字设置访问后的颜色，在浏览器中预览效果，可以看到单击链接后文字的颜色已经发生改变，如图2.9所示。

在网页中，一般超链接都是蓝色的（当然，也可以自己设置成其他颜色），文字下面有一条下画线。当移动鼠标指针到该超链接上时，鼠标指针就会变成一只手的形状，这时候用鼠标单击，就可以直接跳到与这个超链接相连接的网页。如果已经浏览过某个超链接，这个超链接的文字颜色就会发生改变。图2.10所示为网页中超链接文字的颜色。

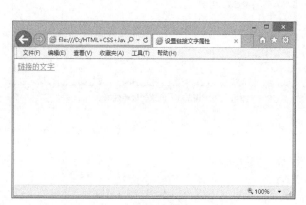

图2.9　访问后的链接文字的颜色

图2.10　网页中超链接文字的颜色

2.1.5 课堂案例——设置页面边距

在做页面的时候，有时文字或者表格怎么也不能靠在浏览器的最上边和最左边，这是怎么回事呢？因为一般用的制作软件或HTML语言默认topmargin、leftmargin的值等于12，如果把它们的值设为0，就会看到网页的元素与左边距离为0了。

语法：

```
<body topmargin=value leftmargin=value rightmargin=value bottommargin=value>
```

说明：通过设置topmargin、leftmargin、rightmargin、bottommargin不同的属性值来设置显示内容与浏览器四周的距离。在默认情况下，边距的值以像素为单位。

- topmargin设置到顶边的距离。
- leftmargin设置到左边的距离。
- rightmargin设置到右边的距离。
- bottommargin设置到底边的距离。

举例：

```
<!doctype html>
<html>
<head>
<meta charset="utf-8">
<title>设置页面边距</title>
</head>
<body topmargin="80" leftmargin="80">
<p>设置页面的上边距</p>
<p>设置页面的左边距</p>
</body>
</html>
```

在代码中加粗的部分topmargin="80"是设置上边距，leftmargin="80"是设置左边距，在浏览器中预览效果，可以看出定义的边距效果，如图2.11所示。

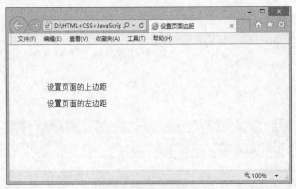

图2.11　设置的边距效果

 提示

一般网站的页面左边距和上边距都设置为0，这样页面看起来不会有太多的空白。

2.2 页面头部标记<head>

HTML语言的头部元素一般需要包括标题、基础信息和元信息等。HTML的头部元素以<head>为开始标记，以</head>为结束标记。

语法：

```
<head>…</head>
```

说明：<head>标记的作用范围是整篇文档。<head>标记中可以有<meta>元信息定义、文档样式表定义和脚本等信息，定义在HTML语言头部的内容往往不会在网页上直接显示。

举例：

```
<!doctype html>
<html>
<head>
文档头部信息
</head>
<body>
文档正文内容
</body>
</html>
```

2.3 页面标题标记<title>

HTML页面的标题一般是用来说明页面的用途，它显示在浏览器的标题栏中。在HTML文档中，标题信息设置在<head>与</head>之间。标题标记以<title>开始，以</title>结束。

语法：

```
<title>…</title>
```

说明：标记中间的就是标题的内容，它可以帮助用户更好地识别页面。页面的标题只有一个，它位于HTML文档的头部，即<head>和</head>之间。

举例：

```
<!doctype html>
<html>
<head>
<meta http-equiv="content-type" content="text/html; charset=gb2312" />
<title>标题标记title</title>
</head>
<body>
</body>
</html>
```

在代码中加粗的部分为标题标记，在浏览器的预览效果中可以看到标题名称，如图2.12所示。

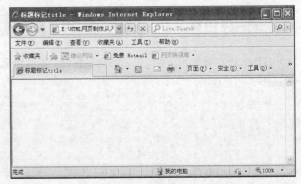

图2.12　标题标记

2.4　元信息标记<meta>

meta元素提供的信息不显示在页面中，一般用来定义页面信息的说明、关键字、刷新等。在HTML中，<meta>标记不需要设置结束标记，在一个尖括号内就是一个meta内容。在一个HTML页面中可以有多个meta元素。meta元素的属性有name和http-equiv，其中name属性主要用于描述网页，以便搜索引擎查找、分类。

2.4.1　设置页面关键字

在搜索引擎中，检索信息都是通过输入关键字来实现的。关键字是整个网站登录过程中最基本也是最重要的一步，是进行网页优化的基础。关键字在浏览时是看不到的，但它可供搜索引擎使用。当用关键字在网站搜索时，如果网页中包含该关键字，就可以在搜索结果中列出来。

语法：

```
<meta name="keywords" content="输入具体的关键字">
```

说明：name为属性名称，这里设置为keywords，也就是设置网页的关键字属性，而在content中则定义具体的关键字。

举例：

```
<!doctype html>
<html>
<head>
<meta name="keywords" content="插入关键字">
<title>插入关键字</title>
</head>
<body>
</body>
</html>
```

 提示

选择关键字的技巧与原则如下。

● 要选择与网站或页面主题相关的文字作为关键字。

● 选择具体的词语，别寄希望于行业或笼统的词语。

● 揣摩用户会用什么作为搜索词，把这些词放在页面上或直接作为关键字。

● 关键字可以不止一个，最好根据不同的页面，制订不同的关键字组合，这样页面被搜索到的概率将大大增加。

在代码中加粗的部分为插入关键字。

2.4.2 设置页面说明

设置页面说明也是为了便于搜索引擎的查找。页面说明用来详细说明网页的内容，并且在网页中不显示出来。
语法：

```
<meta name="description" content="设置页面说明">
```

说明：name为属性名称，这里设置为description，也就是将元信息属性设置为页面说明，在content中定义具体的描述文字。

举例：

```
<!doctype html>
<html>
<head>
<meta name="description" content="设置页面说明">
<title>设置页面说明</title>
</head>
<body>
</body>
</html>
```

在代码中加粗的部分为设置页面的说明。

2.4.3 定义编辑工具

现在有很多编辑软件都可以制作网页，在源代码的头部可以设置网页编辑工具的名称。与其他meta元素相同，编辑工具也只是在页面的源代码中可以看到，而不会显示在浏览器中。
语法：

```
<meta name="generator" content="编辑工具名称">
```

说明：name为属性名称，设置为generator，也就是设置编辑工具，在content中定义具体的编辑工具名称。

举例：

```
<!doctype html>
<html>
<head>
<meta name="generator" content="FrontPage">
<title>设置编辑工具</title>
</head>
<body>
</body>
</html>
```

在代码中加粗的部分为定义编辑工具。

2.4.4 定义页面的作者信息

在源代码中还可以设置网页制作者的姓名。
语法：

```
<meta name="author" content="作者的姓名">
```

说明：name为属性名称，设置为author，也就是设置作者信息，在content中定义具体的信息。

举例：

```
<!doctype html>
<html>
<head>
<meta name="author" content="小溪">
<title>设置作者信息</title>
</head>
<body>
</body>
</html>
```

在代码中加粗的部分为设置作者信息。

2.4.5 定义网页文字及语言

在网页中还可以设置语言的编码方式，这样浏览器就可以正确地选择语言，而不需要人工选取。
语法：

```
<meta http-equiv="content-type" content="text/html; charset=字符集类型" />
```

说明：http-equiv用于传送HTTP通信协议的报头，而在content中的内容才是具体的属性值。charset用于设置网页的内码语系，也就是字符集的类型，国内常用的是GB码，charset往往设置为gb2312，即简体中文。英文是ISO-8859-1字符集，此外还有其他的字符集。

举例：

```
<!doctype html>
<html>
<head>
<meta http-equiv="content-type" content="text/html; charset=euc-jp" />
<title>Untitled Document</title>
</head>
<body>
</body>
</html>
```

在代码中加粗的部分是设置的网页文字及语言，此处设置的语言为日语。

2.4.6 课堂案例——定义页面的跳转

使用<meta>标记可以使网页在一定时间后自动刷新，这可通过将http-equiv属性值设置为refresh来实现。content属性值可以设置为更新时间。

在浏览网页时经常会看到一些欢迎信息的页面，经过一段时间后，这些页面会自动转到其他页面，这就是网页的跳转。

语法:

```
<meta http-equiv="refresh" content="跳转的时间;URL=跳转到的地址">
```

说明：refresh表示网页的刷新，而在content中设置刷新的时间和刷新后的链接地址，时间和链接地址之间用分号相隔。默认情况下，跳转时间以秒为单位。

举例：

```
<!doctype html>
<html>
<head>
<meta http-equiv="refresh" content="20;url=index1.html">
<title>网页的定时跳转</title>
</head>
<body>
20秒后自动跳转
</body>
</html>
```

在代码中加粗的部分是设置的网页的定时跳转，这里设置为20秒后跳转到index1. html页面。在浏览器中可以看出，跳转前如图2.13所示，跳转后如图2.14所示。

图2.13　跳转前

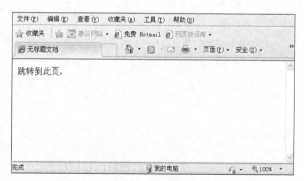

图2.14　跳转后

2.5 标题字

HTML文档中包含各种级别的标题，各种级别的标题由<h1>到<h6>标记来定义。其中，<h1>代表最高级别的标题，依次递减，<h6>级别最低。

<h1>到<h6>标记中的字母h是英文headline的简称。作为标题，它们的重要性是有区别的，其中<h1>标题的重要性最高，<h6>的重要性最低。

语法：

```
<h1>一级标题</h1>
<h2>二级标题</h2>
<h3>三级标题</h3>
<h4>四级标题</h4>
<h5>五级标题</h5>
<h6>六级标题</h6>
```

说明：有6个级别的标题，<h1>是一级标题，使用最大的字号表示，<h6>是六级标题，使用最小的字号表示。

举例：

```
<!doctype html>
<html>
<head>
<meta http-equiv="content-type" content="text/html; charset=gb2312" />
<title>标题字标记</title>
</head>
<body>
<h1>一级标题</h1>
<h2>二级标题</h2>
<h3>三级标题</h3>
<h4>四级标题</h4>
<h5>五级标题</h5>
<h6>六级标题</h6>
</body>
</html>
```

在代码中加粗的部分是6种不同级别的标题，在浏览器中可以看到效果，如图2.15所示。

图2.15　不同级别的标题

提示

对于不同的显示器，其确切的点阵尺寸的大小也不相同，但<h1>标题大约是标准文字高度的2到3倍，<h6>标题则比标准字体略小。

2.6 段落标记

在网页中如果要把文字有条理地显示出来，离不开段落标记的使用。在HTML中可以通过标记实现段落的效果。

2.6.1 课堂案例——使用段落标记\<p\>

\<p\>是HTML文档中最常见的标记，\<p\>标记用来起始一个段落。

语法：

```
<p>段落文字</p>
```

说明：段落标记可以没有结束标记\</p\>，每一个新的段落标记开始意味着上一个段落的结束。

举例：

```
<!doctype html>
<html>
<head>
<meta http-equiv="Content-Type" content="text/html; charset=gb2312" />
<title>段落</title>
<style type="text/css">
body {
    background-color: #CFC;
}
</style>
</head>
<body>
<p>培养目标：本专业培养熟知民航相关法规，掌握民航服务礼仪、客舱应急、乘务空防安全等基本知识，具备服务意识和安全意识，具备客舱服务与安全管理能力，德、智、体等方面全面发展的技术技能人才。</p>
<p>就业方向：面向航空公司客舱部、保卫部等部门，从事客舱服务、客舱安全、客运地面保障以及机场贵宾室、问讯处服务等工作。</p>
</body>
</html>
```

代码中加粗的部分使用了段落标记，在浏览器中预览效果，可以看到将文本成功地分段，效果如图2.16所示。

在网页制作的过程中，将一段文字分成相应的段落，不仅可以增强网页的美观性，而且可以使网页层次分明，让浏览者感觉不到拥挤，如图2.17所示。

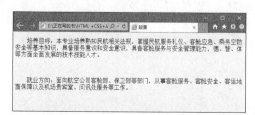

图2.16 段落效果

图2.17 段落应用

2.6.2 课堂案例——使用换行标记\<br\>

换行标记\<br\>的作用是在不另起一段的情况下将当前文本强制换行。在HTML中，\<br\> 标记没有结束标记。

语法：

```
<br>
```

说明：一个\<br\>标记代表一个换行，连续的多个\<br\>标记可以实现多次换行。

举例：

```
<!doctype html>
<html>
<head>
<meta http-equiv="Content-Type" content="text/html; charset=gb2312" />
<title>换行标记</title>
</head>
<body>
我们的优势是高效率、良好的品质和具有竞争力的价格。<br>公司视质量为生命，为客户提供高效服务，以实现买
卖双方双赢为目的，在客户中建立了良好的信誉。<br>
在这个给人们带来欢乐的阳光行业中，相信我们的合作能让我们获得更好的利益。<br>热诚欢迎广大中外客户来我
公司洽谈业务，联手合作，共创美好的明天！
</body>
</html>
```

在代码中加粗的部分为设置换行标记，在浏览器中预览，可以看到换行的效果，如图2.18所示。

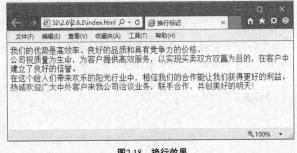

图2.18　换行效果

 提示

　　\<br\>是唯一可以为文字换行的标记。其他标记如\<p\>，可以为文字分段。

2.6.3 课堂案例——不换行标记\<nobr\>

在网页中如果某一行的文本过长，浏览器会自动对这段文字进行换行处理。可以使用\<nobr\>标记来禁止自动换行。

语法：

```
<nobr>不换行文字</nobr>
```

说明：在\<nobr\>标记之间的文字在显示的过程中不会自动换行。

举例：

```
<!doctype html>
<html>
```

```
<head>
<meta http-equiv="Content-Type" content="text/html; charset=gb2312" />
<title>不换行标记</title>
</head>
<body>
<p>公司视质量为生命，为客户提供高效服务，以实现买卖双方双赢为目的，在客户中建立了良好的信誉。</p>
<p>在这个给人们带来欢乐的阳光行业中，我们相信我们的合作能让我们彼此感到欢乐和获得更好的利益。</p>
<p><nobr>公司视质量为生命，为客户提供高效服务，以实现买卖双方双赢为目的，在客户中建立了良好的信誉。在这个给人们带来欢乐的阳光行业中，我们相信我们的合作能让我们彼此感到欢乐和获得更好的利益。</nobr></p>
</body>
</html>
```

在代码中第3行文字加粗的部分为不换行标记，在浏览器中预览，可以看到文字不换行的效果，如图2.19所示。

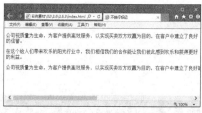

图2.19　不换行效果

2.7　水平线

在网页中常常可以看到一些水平线将段落与段落之间隔开，这些水平线可以通过插入图片来实现，也可以更简单地通过标记来完成。

<hr>标记代表水平分割模式，并会在浏览器中显示一条线。

语法：

```
<hr>
```

说明：在网页中输入一个<hr>标记，就添加了一条默认样式的水平线。

举例：

```
<!doctype html>
<html>

<head>
<meta http-equiv="Content-Type" content="text/html; charset=gb2312" />
<title>水平线</title>
</head>
<body>
<p align="center">虞美人<br>
【唐】李煜</p>
<hr>
<p><br>
　春花秋月何时了？往事知多少。<br>
```

小楼昨夜又东风，故国不堪回首月明中。
雕栏玉砌应犹在，只是朱颜改。
问君能有几多愁？恰似一江春水向东流。</p>
</body>
</html>

在代码中加粗的部分为水平线标记，在浏览器中预览，可
以看到插入的水平线效果，如图2.20所示。

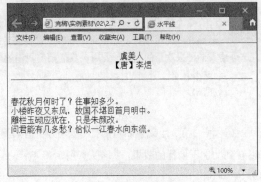

图2.20 插入水平线效果

2.8 课堂练习——创建基本的HTML文件

本章主要学习了HTML文件整体标记的使用，下面就用所学的知识来创建最基本的HTML文件。

① 使用Dreamweaver打开网页文档，如图2.21所示。

② 打开拆分视图，在代码<title>和</title>之间输入标题，如图2.22所示。

图2.21 打开原始文档

图2.22 设置网页的标题

③ 打开拆分视图，在<head>和</head>之间输入<meta content="text/html; charset=gb2312" http-equiv=Content-Type>，用来定义网页的语言，如图2.23所示。

④ 打开拆分视图，在<body>标记中输入bgColor=#FF9F04，用来定义网页的背景颜色，如图2.24所示。

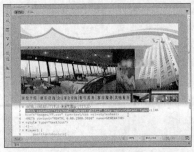

图2.23 定义网页的语言

图2.24 定义网页的背景颜色

05 在<body>标记中输入topmargin="0" leftmargin="0"，用于设置网页的上边距和左边距，将上边距设置为0，左边距设置为0，如图2.25所示。

06 保存网页，在浏览器中预览，效果如图2.26所示。

图2.25 设置页面的边距

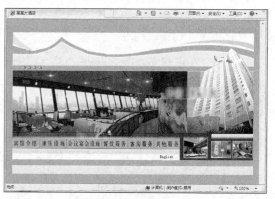

图2.26 效果图

2.9 本章小结

本章介绍了HTML页面主体常用设置、页面头部标记、页面标题标记、元信息标记、标题字、段落标记、水平线等。这些都是创建一个完整的网页必不可少的。

2.10 课后习题

1. 填空题

（1）一个完整的HTML文档必须包含3个部分：一个由<html>定义的_____，一个由<head>定义各项声明的_____和一个由<body>定义的_____。

（2）meta元素提供的信息不显示在页面中，一般用来定义页面信息的_____、_____、_____等。HTML页面中可以有多个meta元素。

（3）使用<meta>标记可以使网页在经过一定时间后自动刷新，这可通过将http-equiv属性值设置为_____来实现。

（4）对大多数浏览器而言，其默认的背景颜色为白色或灰白色。使用<body>标记的_____属性可以为整个网页定义背景颜色。

2. 操作题

制作一个图2.27所示的基本文本网页。

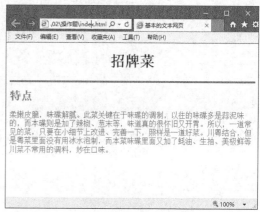

图2.27 基本文本网页

第**3**章

使用图像和多媒体元素

图像是网页中不可缺少的元素，巧妙地在网页中使用图像可以为网页增色不少。美化网页最简单、最直接的方法就是在网页上添加图像，图像不但可以使网页更加美观、形象和生动，而且可以使网页中的内容更加丰富多彩。利用图像创建精美网页，能够给网页增加生机，从而吸引更多的浏览者。在网页中，除了可以插入文本和图像外，还可以插入背景声音、视频等媒体元素。读者通过对本章的学习，可以学习到图像和多媒体文件的使用，从而丰富网页的效果，吸引浏览者的注意。

学习目标

- 掌握网页中常见的图像格式
- 掌握添加多媒体文件的方法
- 掌握创建多媒体网页的方法
- 掌握插入图像并设置图像属性的方法
- 掌握添加音乐的方法
- 掌握创建图文混合排版网页的方法

3.1 网页中常见的图像格式

网页中图像的格式通常有3种，即GIF、JPEG和PNG格式。目前GIF和JPEG文件格式的支持情况较好，大多数浏览器都支持。由于PNG格式的文件具有较强的灵活性并且文件较小，所以它几乎对于任何类型的网页图形都是适合的，但不是所有浏览器都支持PNG格式的图像的显示。建议使用GIF或JPEG格式，以满足更多人的需求。

1. GIF格式

GIF是Graphics Interchange Format的缩写，即图像交换格式，文件最多可使用256种颜色，最适合显示色调不连续或具有大面积单一颜色的图像，例如导航条、按钮、图标、徽标或其他具有统一色彩和色调的图像。

GIF格式的最大优点是可制作动态图像，可以将数张静态文件作为动画帧串联起来，转换成一个动画文件。

GIF格式的另一优点是可以将图像以交错的方式在网页中呈现。所谓交错显示，就是当图像尚未下载完成时，浏览器会以马赛克的形式将图像慢慢显示，让浏览者可以大略猜出下载图像的雏形。

2. JPEG格式

JPEG是Joint Photographic Experts Group的缩写，它是一种图像压缩格式。此文件格式是用于摄影或连续色调图像的高级格式，这是因为JPEG格式的文件可以包含数百万种颜色。随着JPEG格式的文件品质的提高，文件的大小和下载时间也会随之增加。通常可以通过压缩JPEG格式的文件以在图像品质和文件大小之间达到良好的平衡。

JPEG格式是一种压缩得非常紧凑的格式，专门用于不含大色块的图像。JPEG格式的图像有一定的失真度，但是在正常的损失下肉眼分辨不出JPEG和GIF格式的图像的区别，而JPEG格式的文件只有GIF格式的文件的1/4。JPEG格式对图标之类的含大色块的图像不是很有效，不支持透明图和动态图，但它能够保留全彩色。如果图像需要全彩模式才能表现出效果，JPEG格式就是最佳的选择。

3. PNG格式

PNG是Portable Network Graphics的缩写，PNG格式是一种非破坏性的网页图像文件格式，它提供了将图像文件以最小的方式压缩却又不造成图像失真的技术。它不仅具备了GIF格式的大部分优点，而且还支持48bit的色彩，更快地交错显示，跨平台的图像亮度控制，更多层的透明度设置。

3.2 插入图像并设置图像属性

图像是网页构成中重要的元素之一，美观的图像会为网站增添生命力，同时也可加深用户对网站风格的印象。

3.2.1 图像标记<img>

在页面中插入图像可以起到美化的作用，插入图像的标记只有一个，那就是<img>标记。

<img>标记的相关属性如表3-1所示。

表3-1 <img>标记的属性

属 性	描 述
src	图像的源文件
alt	提示文字
width，height	宽度和高度
border	边框

（续表）

属　性	描　述
vspace	垂直间距
hspace	水平间距
align	排列
dynsrc	设定avi文件的播放
loop	设定avi文件循环播放次数
loopdelay	设定avi文件循环播放延迟
start	设定avi文件播放方式
lowsrc	设定低分辨率图片
usemap	映像地图

src属性用于指定图像源文件所在的路径，它是图像必不可少的属性。

语法：

```
<img src="图像文件的地址">
```

说明：src参数用来设置图像文件所在的路径，这一路径可以是相对路径，也可以是绝对路径。

举例：

```
<!doctype html>
<html>
<head>
<meta http-equiv="content-type" content="text/html; charset=gb2312" />
<title>插入图像标记</title>
</head>
<body>
<div align="center"><img src="images/main.jpg" width="474" height="264">
</div>
</body>
</html>
```

在代码中加粗的部分是插入的图像文件，在浏览器中预览，可以看到插入图像的效果，如图3.1所示。

提示

图像的地址可以使用文件和http://关键字作为图像的地址，并且能够用于在网页上载入图像。

图3.1　插入图像文件效果

3.2.2 课堂案例——设置图像高度height

height属性用来定义图片的高度，如果\<img\>标记不定义高度，图片就会按照它的原始尺寸显示。

语法：

```
<img src="图像文件的地址" height="图像的高度">
```

说明：在该语法中，height设置图像的高度。

举例：

```
<!doctype html>
<html>
<head>
<meta charset="utf-8">
<title>设置图像高度</title>
</head>
<body>
<img src="images/baobao.jpg" height="330"/>
<img src="images/baobao.jpg" height="230"/>
</body>
</html>
```

在代码中加粗的部分的第1行是使用height="330"设置图像高度为330，而第2行是使用height="230"设置图像的高度为230，在浏览器中预览，可以看到设置图像高度的效果，如图3.2所示。

图3.2　设置图像高度

提示

尽量不要通过height和width属性来缩放图像。如果通过height和width属性来缩放图像，那么用户就必须下载大容量的图像（即使图像在页面上看上去很小）。正确的做法是，在网页上使用图像之前，应该通过软件把图像处理为合适的尺寸。

3.2.3 课堂案例——设置图像宽度width

width属性用来定义图片的宽度，如果\<img\>标记不定义宽度，图片就会按照它的原始尺寸显示。

语法：

```
<img src="图像文件的地址" width="图像的宽度">
```

说明：在该语法中，width设置图像的宽度。

举例：

```
<!doctype html>
<html>
<head>
<meta charset="utf-8">
<title>设置图像宽度</title>
</head>
<body>
<img src="images/baobao.jpg" width="430" height="330" />
<img src="images/baobao.jpg" width="300" height="330" />
</body>
</html>
```

在代码中加粗的部分的第1行是使用width="430"设置图像宽度为430，而第2行是使用width="300"设置图像的宽度为300，在浏览器中预览，可以看到设置图像宽度的效果，如图3.3所示。

图3.3　设置图像的宽度

3.2.4 课堂案例——设置图像的替代文字alt

<img>标记的alt属性指定了替代文本，用于在图像无法显示或者用户禁用图像显示时，代替图像显示在浏览器中的内容。强烈推荐在文档的每个图像中都使用这个属性。这样即使图像无法显示，用户还是可以了解到信息。

语法：

```
<img src="图像文件的地址" alt="提示文字的内容" >
```

说明：alt属性的值是一个最多可以包含1024个字符的字符串，其中包括空格和标点。这个字符串必须包含在引号中。这段文本中可以包含对特殊字符的实体引用，但它不允许包含其他类别的标记，尤其是不允许有任何样式标记。

举例：

```
<!doctype html>
<html>
<head>
<meta charset="utf-8">
<title>设置alt</title>
</head>
<body>
<img src="images/main.jpg"  alt="茶几和电视柜" />
</body>
</html>
```

在代码中加粗的部分alt="茶几和电视柜"是添加图像的提示文字，如果无法显示图像，浏览器将显示替代文本，如图3.4所示。

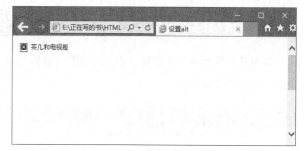

图3.4　显示替代文本

3.3　添加多媒体文件

如果能在网页中添加音乐或视频文件，可以使单调的网页变得更加生动。在网页中常见的多媒体文件包括声音文件和视频文件。

语法：

```
<embed src="多媒体文件地址"  type="嵌入文件的类型"  width="多媒体的宽度"
    height="多媒体的高度" ></embed>
```

说明：在语法中，src表示嵌入多媒体文件的 URL。type定义嵌入文件的类型。width和height一定要设置，单位是像素，否则无法正确显示播放多媒体的软件。

举例：

```
<!doctype html>
<html>
<head>
<meta charset="utf-8">
<title>添加多媒体文件标记</title>
</head>
<body>
<embed src="images/top.swf" type="application/x-shockwave-flash" width="705"
 height="371"></embed>
</body>
</html>
```

在代码中加粗的部分是插入多媒体，在浏览器中预览插入的Flash效果，如图3.5所示。

图3.5　插入多媒体文件效果

3.4 添加音乐

许多有特色的网页上放置了音乐，而且会随网页的打开而循环播放。要想在网页中加入一段音乐，只需用<audio>标记就可以实现。

3.4.1 <audio>标记

<audio>标记用于在文档中表示音频内容。<audio>标记可以包含多个音频资源，这些音频资源可以使用src属性或者<source>标记来进行描述；浏览器将会选择最合适的一个来使用。

语法：

```
<audio src="音频地址" loop="loop" autoplay="autoplay" >
```

说明：src属性规定要播放的音频的URL。也可以使用<source>标记来设置音频。HTML5<audio>标记能够支持wav、mp3、ogg、acc等格式，不是所有的浏览器都支持这些格式，每个浏览器因为版权的问题支持的格式都是不一样的。

autoplay，布尔属性，默认值为"false"。指定值后，音频会马上自动开始播放，不会停下来等着数据载入结束。

controls，如果设置了该属性，浏览器将提供一个包含声音、播放进度、播放暂停的控制面板，让用户可以控制音频的播放。

loop，布尔属性，如果出现该属性，将循环播放音频。

3.4.2 课堂案例——给网页添加音乐播放器

使用<audio>标记，无须任何第三方插件或外接程序，就可以向网页添加音乐播放器。

在代码中加粗的部分<audio src="images/yinyue.wav" controls autoplay loop ></audio>表示插入音乐。将<audio>标记直接添加到HTML代码中，这将使用src属性指定要播放的音频文件，并设置controls属性以使用内置的播放器控件。各个浏览器中的内部播放器可能会在样式或功能上有所不同。在猎豹浏览器中，<audio>标记将显示一个简单的播放器，其中包含基本的播放、暂停、位置滑块和音量控制。该播放器还显示文件的播放时间及剩余时间，如图3.6所示。

举例：

```
<!doctype html>
<html>
<head>
<meta charset="utf-8">
<title>设置音乐播放器</title>
</head>
<body >
<img src="images/index.jpg" width="996"
height="625" alt="首页"/><br>
<audio src="images/yinyue.wav" controls
autoplay loop ></audio>
</body>
</html>
```

图3.6　添加音乐播放器

3.5 课堂练习

本章主要讲述了网页中常用的图像格式及如何在网页中插入图像、设置图像属性、在网页中插入多媒体文件等，下面通过以上所学到的知识讲述两个课堂练习。

3.5.1 课堂练习1——创建多媒体网页

下面将通过具体的实例来讲述如何创建多媒体网页，具体操作步骤如下。

01 使用Dreamweaver打开网页文档，如图3.7所示。

02 打开拆分视图，在相应的位置输入代码<embed src="images/top.swf" width="900" height="218"></embed>，如图3.8所示。

图3.7 打开网页文档　　　　　　图3.8 输入代码

03 使光标置于<BODY>的后面，输入背景音乐代码<bgsound src="images/gequ.WAV">，如图3.9所示。

04 在代码中输入播放的次数<bgsound src="images/gequ.WAV" loop="infinite ">，如图3.10所示。

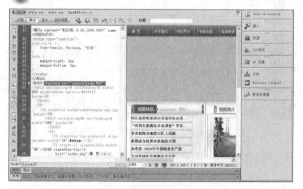
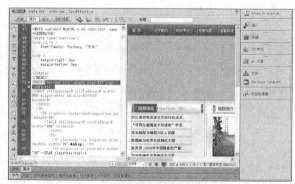

图3.9 输入背景音乐代码　　　　　　图3.10 输入播放次数代码

05 保存文档，按F12键在浏览器中预览，效果如图3.11所示。

图3.11 多媒体效果

3.5.2 课堂练习2——创建图文混合排版网页

虽然网页中提供各种图片可以使网页显得更加漂亮，但有时也需要在图片旁边添加一些文字说明。图文混排一般有几种方法，对于初学者而言，可以将图片放置在网页的左侧或右侧，然后将文字内容放置在图片旁边。下面讲述图文混排的方法，具体步骤如下。

01 使用Dreamweaver打开网页文档，如图3.12所示。

02 打开代码视图，将光标置于相应的位置，输入图像代码<imgsrc="images/pic_05.gif" >，如图3.13所示。

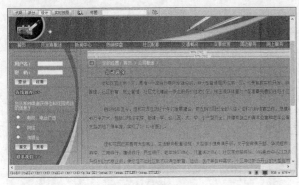

图3.12 打开网页文档　　　　　　　　　　图3.13 输入图像代码

03 在代码视图中输入width="300" height="225"，设置图像的宽和高，如图3.14所示。

04 在代码视图中输入hspace="10" vspace="5"，设置图像的水平边距和垂直边距，如图3.15所示。

图3.14 设置图像的宽和高　　　　　　　　图3.15 设置图像的水平边距和垂直边距

05 在代码视图中输入align="left"，用来设置图像的对齐方式为"左对齐"，如图3.16所示。

06 保存文档，按F12键，在浏览器中预览，效果如图3.17所示。

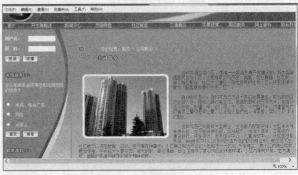

图3.16 设置图像的对齐方式　　　　　　　图3.17 图文混合排版效果

3.6 本章小结

在网页中使用图像，可以使网页更加生动和美观，现在几乎在所有的网页中都可以看到大量的图像。读者通过本章的学习，可以了解网页图像支持的3种图像格式（GIF、JPEG和PNG），以及插入图像和设置图像的属性，读者应对网页中多媒体的应用有一个深刻的了解，并能简单运用，以便在制作自己的网页时利用这些元素为网页增添特色。

3.7 课后习题

1. 填空题

（1）网页中图像的格式通常有3种，即_____。目前GIF和JPEG文件格式的支持情况较好，大多数浏览器都可以查看它们。

（2）图像是网页构成中最重要的部分之一，美观的图像会为网站增添生命力，同时也可加深用户对网站风格的印象。在页面中插入图像可以起到美化的作用，插入图像的标记只有一个，那就是_____标记。

（3）<img>标记的_____属性指定了替代文本，用于在图像无法显示或者用户禁用图像显示时，代替图像显示在浏览器中的内容。

2. 操作题

给图3.18所示的网页添加背景声音。

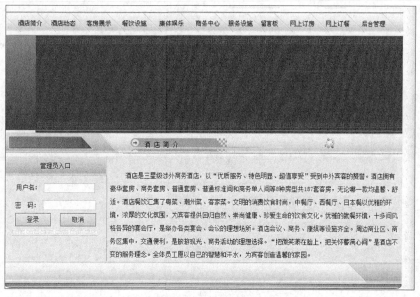

图3.18　添加背景声音

第4章

使用表格

表格是网页制作中使用最多的元素之一，在制作网页时，使用表格可以更清晰地排列数据。但在实际制作过程中，表格更多地用在网页布局定位上。很多网页都是以表格布局的，这是因为表格在文本和图像的位置控制方面都有很强的功能。灵活、熟练地使用表格，在网页制作时可以锦上添花。

学习目标

- 掌握创建表格
- 掌握表格的行属性和单元格属性
- 掌握表格基本属性
- 掌握表格的结构

4.1 创建表格

表格是网页排版布局不可缺少的一个元素，能否熟练地运用表格将直接影响到网页设计的好坏。下面讲述表格的创建。

4.1.1 表格的基本构成table、tr、td

表格由行、列和单元格3部分组成，一般通过3个标记来创建，分别是表格标记\<table\>、行标记\<tr\>和单元格标记\<td\>。表格的各种属性都要在表格的开始标记\<table\>和表格的结束标记\</table\>之间才有效。

行：表格中的水平间隔。

列：表格中的垂直间隔。

单元格：表格中行与列相交所产生的区域。

语法：

```
<table>
<tr>
<td>单元格内的文字</td>
<td>单元格内的文字</td>
</tr>
<tr>
<td>单元格内的文字</td>
<td>单元格内的文字</td>
</tr>
</table>
```

说明：\<table\>标记和\</table\>标记分别表示表格的开始和结束，而\<tr\>和\</tr\>则分别表示行的开始和结束，在表格中包含几组\<tr\>…\</tr\>就表示该表格为几行；\<td\>和\</td\>表示单元格的开始和结束。

举例：

```
<!doctype html>
<html>
<head>
<meta http-equiv="content-type" content="text/html; charset=gb2312" />
<title>表格的基本构成</title>
</head>
<body>
<table border="1">
<tr>
<td>第1行第1列单元格</td>
<td>第1行第2列单元格</td>
</tr>
<tr>
<td>第2行第1列单元格</td>
<td>第2行第2列单元格</td>
</tr>
</table>
</body>
```

```
</html>
```

在代码中加粗的部分是表格的基本构成，在浏览器中预览，可以看到在网页中添加了一个2行2列的表格，表格没有边框，如图4.1所示。

在制作网页的过程中，一般都使用表格来排列网页数据，如图4.2所示。

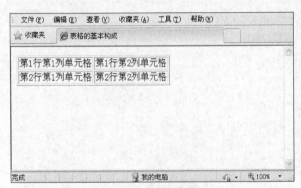

图4.1　表格的基本构成

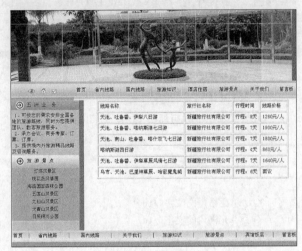

图4.2　表格布局的网页

4.1.2　设置表格的标题caption

<caption>标记可以用来设置标题，表格的标题一般位于整个表格的第一行。<caption>标记必须直接放置到<table>标记之后。一个表格只能含有一个表格标题。

语法：

```
<caption>表格的标题</caption>
```

举例：

```
<!doctype html>
<html>
<head>
<meta http-equiv="content-type" content="text/html; charset=gb2312" />
<title>表格的标题</title>
</head>
<body>
<table width="171" border="1">
<caption>考试成绩表</caption>
  <tr>
    <td width="44">张三</td>
    <td width="35">95</td>
    <td width="36">76</td>
    <td width="28">80</td>
  </tr>
  <tr>
    <td>李四</td>
    <td>88</td>
```

```
    <td>90</td>
    <td>85</td>
  </tr>
  <tr>
    <td>王五</td>
    <td>80</td>
    <td>89</td>
    <td>90</td>
  </tr>
</table>
</body>
</html>
```

在代码中加粗的部分为设置表格的标题，在浏览器中预览，可以看到表格的标题，如图4.3所示。

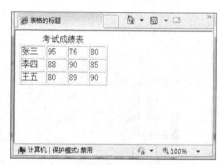

图4.3 表格的标题

 提示

使用<caption>标记创建表格标题的好处是标题定义包含在表格内。如果表格移动或在HTML文件中重定位，标题会随着表格相应地移动。

4.1.3 表头th

表格的表头<th>是<td>单元格的一种变体，实质上仍是一种单元格。它一般位于第一行和第一列，用来表明这一行或列的内容类别。在一般情况下，<th>标记内部的文本通常会呈现为居中的粗体文本，而<td>标记内的文本通常是左对齐的普通文本。

语法：

```
<table >
<tr>
<th>80</th>
...
</tr>
<tr>
<td>单元格内的内容</td>
<td>单元格内的内容</td>
</tr>
</table>
```

说明：<th>标记的起始标记必须有，但是结尾标记是可选的。

举例：

```
<!doctype html>
<html>
<head>
```

```
<meta http-equiv="Content-Type" content="text/html; charset=gb2312" />
<title>表格的表头</title>
</head>
<body>
<table border="1">
<caption>考试成绩表</caption>
<th>姓名</th>
<th>语文</th>
<th>数学</th>
<th>英语</th>
<tr>
<td>张三</td>
<td>95</td>
<td>76</td>
<td>80</td>
</tr>
<tr>
<td>李四</td>
<td>88</td>
<td>90</td>
<td>85</td>
</tr>
<tr>
<td>王五</td>
<td>80</td>
<td>89</td>
<td>90</td>
</tr>
</table>
</body>
</html>
```

在代码中加粗的部分为设置表格的表头，在浏览器中预览，可以看到表格的表头效果如图4.4所示。

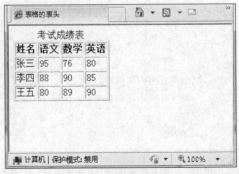

图4.4　表格的表头效果

4.2　表格基本属性

为了使所创建的表格更加美观、醒目，需要对表格的属性进行设置，主要包括表格的宽度、高度和对齐方式等。

4.2.1 课堂案例——表格宽度width

表格的width属性可以用来设置表格的宽度。如果不指定表格宽度，浏览器就会根据表格内容的多少自动调整宽度。

语法：

```
<table width="表格宽度" >
```

说明：表格宽度的值可以是像素值，也可以为百分比。

举例：

```
<!doctype html>
<html>
<head>
<meta http-equiv="content-type" content="text/html; charset=gb2312" />
<title>表格的宽度</title>
</head>
<body>
<table width="500"  border="1">
<caption>考试成绩表</caption>
<th>姓名</th>
<th>语文</th>
<th>数学</th>
<th>英语</th>
<tr>
<td>张三</td>
<td>95</td>
<td>76</td>
<td>80</td>
</tr>
<tr>
<td>李四</td>
<td>88</td>
<td>90</td>
<td>85</td>
</tr>
<tr>
<td>王五</td>
<td>80</td>
<td>89</td>
<td>90</td>
</tr>
</table>
</body>
</html>
```

在代码中加粗的部分是设置表格的宽度为500像素，在浏览器中预览，可以看到效果如图4.5所示。

图4.5　表格的宽度

4.2.2　课堂案例——表格边框宽度border

表格的边框可以很粗、也可以很细，可以使用border属性来设置表格的边框效果，默认情况下如果不指定border属性，则浏览器将不显示表格边框。

语法：

```
<table border="边框宽度">
```

说明：只有设置border值不为0，在网页中才能显示出表格的边框。设置 border="0"，可以显示没有边框的表格。

举例：

```
<!doctype html>
<html>
<head>
<meta http-equiv="content-type" content=
"text/html; charset=gb2312" />
<title>表格的边框</title>
</head>
<body>
<table width="200" border="5">
<tr>
<td>单元格1</td>
<td>单元格2</td>
</tr>
<tr>
<td>单元格3</td>
<td>单元格4</td>
</tr>
</table>
</body>
</html>
```

在代码中加粗的部分为设置表格的边框宽度，在浏览器中预览，可以看到将表格边框宽度设置为5像素的效果如图4.6所示。

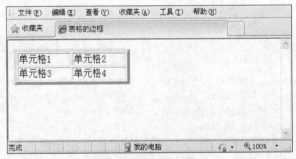

图4.6　表格的边框宽度效果

提示

border属性设置的表格边框只能影响表格四周的边框宽度，而并不能影响单元格之间边框尺寸。虽然设置边框宽度没有限制，但是一般边框宽度设置不应超过5像素，过于宽大的边框会影响表格的整体美观。

4.2.3 课堂案例——内框宽度cellspacing

表格的内框宽度属性cellspacing用于设置表格内部每个单元格之间的间距。

语法：

```
<table cellspacing="内框宽度值">
```

说明：内框宽度的单位是像素。

举例：

```
<!doctype html>
<html>
<head>
<meta http-equiv="content-type" content="text/html; charset=gb2312" />
<title>表格的内框宽度</title>
</head>
<body>
<table width="200" border="1" cellspacing="5" bordercolor="#66CCFF">
<tr>
<td>单元格1</td>
<td>单元格2</td>
</tr>
<tr>
<td>单元格3</td>
<td>单元格4</td>
</tr>
</table>
</body>
</html>
```

在代码中加粗的部分为设置表格的内框宽度，在浏览器中预览，可以看到内框宽度设置为5像素的效果如图4.7所示。

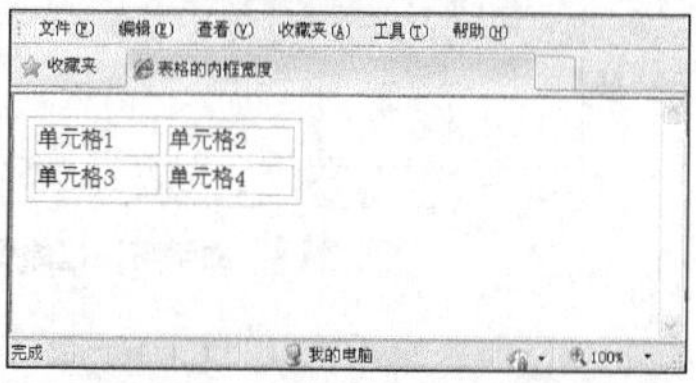

图4.7 表格内框宽度效果

4.2.4 课堂案例——表格内文字与边框间距cellpadding

在默认情况下，单元格里的内容会紧贴着表格的边框，这样看上去非常拥挤。cellpadding属性可以用来设置单元格边框与单元格里的内容之间的距离。

语法：

```
<table cellpadding="文字与边框距离值">
```

说明：单元格里的内容与边框的距离以像素为单位，一般可以根据需要设置，但是不能过大。

举例：

```
<!doctype html>
<html>
<head>
<meta http-equiv="content-type" content="text/html; charset=gb2312" />
<title>表格内文字与边框距离</title>
</head>
<body>
<table width="200" border="1" cellpadding="10" cellspacing="5"
bordercolor="#66CCFF">
<tr>
<td>单元格1</td>
<td>单元格2</td>
</tr>
<tr>
<td>单元格3</td>
<td>单元格4</td>
</tr>
</table>
</body>
</html>
```

在代码中加粗的部分为设置表格内文字与边框的距离，在浏览器中预览，可以看到文字与边框的距离效果如图4.8所示。在制作网页的同时对表格的边框进行相应的设置，可以很容易地制作出一些细线表格，如图4.9所示。

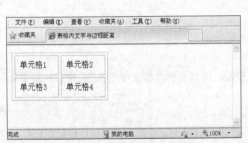

图4.8　文字与边框的距离效果

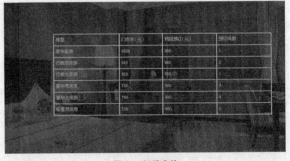

图4.9　细线表格

4.3　表格的行属性

不仅可以对表格整体设置相关属性，还可以对单独的一行单元格设置相关属性。下面介绍如何设置行的边框颜色、行的背景和行里内容的对齐方式等。

4.3.1　行背景bgcolor、background

行的bgcolor或background属性仅作用于当前行。这里设置的bgcolor颜色可以覆盖<table>的bgcolor或background属性，不过会被单元格定义的背景颜色所覆盖。

语法：

```
<tr bgcolor="行的背景颜色" >
```

说明：默认设置为透明色，即和文档背景颜色相同。bgcolor属性值可以为颜色名或16进制等命名方法。background属性可以选择图像的相对地址，也可以选择绝对地址。

举例：

```
<!doctype html>
<html>
<head>
<meta http-equiv="content-type" content="text/html; charset=gb2312" />
<title>行背景</title>
</head>
<body>
<table width="500" border="1" align="center" cellpadding="10" cellspacing="2">
<tr bgcolor="#99CCFF" >
<td>单元格1</td>
<td>单元格2</td>
</tr>
<tr>
<td>单元格3</td>
<td>单元格4</td>
</tr>
</table>
</body>
</html>
```

在代码中加粗的部分为设置表格行的背景，在浏览器中预览，可以看到第一行设置了行的背景颜色，如图4.10所示。

有的网页中包含了大量的单元格，因此很容易让人眼花缭乱。在网页中适当地为表格添加一些背景颜色，可以让表格变得清晰，如图4.11所示。

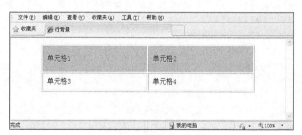

图4.10 行的背景颜色

图4.11 表格的背景颜色

4.3.2 行文字的水平对齐方式align

<tr>的align属性用来控制表格当前行的水平对齐方式。它不受表格整体对齐方式的影响，却能够被单元格的对齐方式定义所覆盖。

语法：

```
<tr align="水平对齐方式">
```

举例：

```
<!doctype html>
<html>
<head>
<meta http-equiv="content-type" content="text/html; charset=gb2312" />
<title>行水平对齐方式</title>
</head>
<body>
<table width="400"
border=1 align="center" cellpadding="10"  >
<tbody>
<tr align="left">
<td>全自动饮水机安全技术要求已正式发布</td>
</tr>
<tr align="center">
<td>饮水机首次列入家电行业</td>
</tr>
<tr align="right">
<td>使用自动饮水机的注意事项</td>
</tr>
</tbody>
</table>
</body>
</html>
```

在代码中加粗的部分为设置表格行文字的对齐方式，在浏览器中预览，可以看到第一行文字左对齐、第二行文字水平居中对齐、第三行文字右对齐，如图4.12所示。

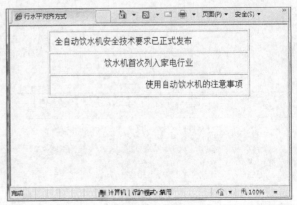

图4.12 行文字的水平对齐方式

4.3.3 行文字的垂直对齐方式valign

<tr>的valign属性用来控制表格当前行的垂直对齐方式。垂直对齐方式有3种，分别是top、middle和bottom。

语法：

```
<tr valign="垂直对齐方式">
```

举例：

```
<!doctype html>
<html>
<head>
<meta http-equiv="content-type" content="text/html; charset=gb2312" />
<title>行垂直对齐方式</title>
</head>
<body>
<table width="400"
border=1 align="center" cellpadding="10"  >
<tbody>
<tr valign="top">
<td>全自动饮水机安全技术要求已正式发布</td></tr>
<tr valign="middle"><td>饮水机首次列入家电行业</td></tr>
<tr valign="bottom"><td>使用自动饮水机的注意事项</td></tr>
</tbody>
</table>
</body>
</html>
```

在代码中加粗的部分为设置表格行文字的垂直对齐方式，在浏览器中预览，可以看到第一行文字顶端对齐，第二行文字居中对齐，第三行文字底部对齐，如图4.13所示。

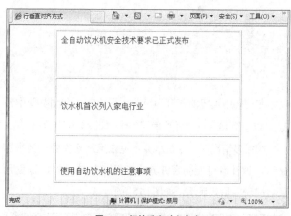

图4.13　行的垂直对齐方式

4.4 单元格属性

单元格是表格中最基本的单位。<td>单元格全部包含在行<tr>中，一行里面可以有任意多个单元格。可以自定义设置单元格的各项属性，这些样式将覆盖<table>和<tr>已经定义的样式。

4.4.1 水平跨度colspan

在设计表格时，有时需要将两个或更多的相邻单元格组合成一个单元格。colspan属性规定单元格可横跨的列数。

语法：

```
<td colspan="可横跨的列数">
```

举例：

```
<!doctype html>
<html>
<head>
<meta http-equiv="content-type" content="text/html; charset=gb2312" />
<title>水平跨度</title>
</head>
<body>
<table width="500" border="1" align="center" cellpadding="5" cellspacing="1">
<tr>
<td colspan="2" align="center">秋冬系列的四大类别</td>
</tr>
<tr>
<td> 童趣</td>
<td>罗曼蒂克</td>
</tr>
<tr>
<td>爱的故事</td>
<td>大都会之夜</td>
</tr>
</table>
</body>
</html>
```

在代码中加粗的部分为设置水平跨度，在浏览器中预览,可以看到第一行单元格跨了2列，如图4.14所示。

在很多情况下一张表格并不是永远严格按照行列坐标显示，设计者可能会合并其中部分相邻单元格，以更为灵活的表格形式显示，如图4.15所示。

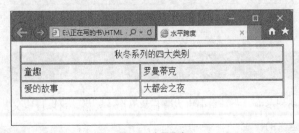

图4.14　水平跨度

收支项目		相关费用
从业人数		5~8人左右
营业时间		7：00～22：00
营业方式		店面经营和外卖送餐
投资预算	加盟服务费	3万元（含主要设备）
	其他设备、设施(冰箱等)	1万元
	装修费用	3~5万元
	其他费用（开业周转金）	0.5万元
	桌、椅等	1.5万元
	合计	9~11万元
收入预算	日客流量	300人
	人均消费	12元/人
	外卖数量	50份×10元
	月收入	（300×12+50×10）×30=123000元
	年收入	123000元×11=1353000元（按11个月计）

图4.15　跨度的实例应用

64

4.4.2 垂直跨度rowspan

单元格除了可以在水平方向上跨列，还可在垂直方向上跨行。rowspan属性规定单元格可垂直跨的行数。
语法：

```
<td rowspan="可垂直跨的行数">
```

说明：与水平跨度相对应，rowspan属性设置的是单元格在垂直方向上跨行的个数。

举例：

```
<!doctype html>
<html>
<head>
<meta http-equiv="content-type" content="text/html; charset=gb2312" />
<title>垂直跨度</title>
</head>
<body>
<table width="500" border="1" align="center" cellpadding="5" cellspacing="1">
<tr>
<td>商品名称：</td>
<td>彩晶石银手链</td>
</tr>
<tr>
<td>规格：</td>
<td>材质：925纯银 天然紫晶 黄晶 橄榄石</td>
</tr>
<tr>
<td>单位：</td>
<td>每条</td>
</tr>
<tr>
<td rowspan="2">类别：</td>
<td>925银饰</td>
</tr>
<tr>
<td>银链手镯</td>
</tr>
</table>
</body>
</html>
```

在代码中加粗的部分为设置垂直跨度，在浏览器中预览，可以看到第一列第四个单元格跨了二行单元格，如图4.16所示。

提示

在内容不能完全放于一个单元格内时行或列跨越非常有用。可以通过跨越许多单元格的方式，不需要改变表格就能将更多的文字放入单元格。

图4.16 垂直跨度

4.4.3 对齐方式align、valign

单元格的对齐方式设置与行的对齐方式设置方法相似。

语法：

```
<td align="水平对齐方式" valign="垂直对齐方式">
```

说明：在该语法中，水平对齐方式的取值可以是left、center或right，垂直对齐方式的取值可以是top、middle或bottom。

举例：

```
<!doctype html>
<html>
<head>
<meta http-equiv="content-type" content="text/html; charset=gb2312" />
<title>对齐方式</title>
</head>
<body>
<table width="500" border="1" align="center" cellpadding="5" cellspacing="1">
<tr>
<td align="left">商品名称：</td>
<td align="center">彩晶石银手链</td>
</tr>
<tr>
<td align="left">规格：</td>
<td align="left">材质：925纯银 天然紫晶 黄晶 橄榄石</td>
</tr>
<tr>
<td>单位：</td>
<td align="center">每条</td>
</tr>
<tr>
<td rowspan="2" align="right" valign="bottom">类别：</td>
<td align="center" valign="middle">925银饰</td>
</tr>
<tr>
<td align="center" valign="top">银链手镯</td>
</tr>
</table>
</body>
</html>
```

在代码中加粗的部分为设置单元格的对齐方式，在浏览器中预览效果，可以看到不同的对齐方式，如图4.17所示。

图4.17　单元格的对齐方式

4.5 表格的结构

还有一些标记是用来表示表格结构的，包括表头标记<thead>、表主体标记<tbody>以及表尾标记<tfoot>。这些标记可应用到表格里，用于整体规划表格的行列属性。使用这些标记能对表格的一行或多行单元格属性进行统一修改，从而省去了逐一修改单元格属性的麻烦。

4.5.1 表格的表头标记<thead>

<thead>标记用于组合HTML表格的表头内容。<thead>标记应该与 <tbody> 和 <tfoot> 标记结合起来使用，用来规定表格的各个部分（表头、主体、页脚）。可以通过使用这些标记，使浏览器有能力支持独立于表格表头和表格页脚的表格主体滚动。当包含多个页面的长的表格被打印时，表格的表头和页脚可被打印在包含表格数据的每张页面上。

语法：

```
<thead>
 …
</thead>
```

说明：<thead>标记内部必须包含一个或者多个<tr>标记。

举例：

```
<!doctype html>
<html>
<head>
<meta http-equiv="content-type" content="text/html; charset=gb2312" />
<title>表格的表头</title>
</head>
<body>
<table width="400" border="1" align="center" cellpadding="5" cellspacing="2">
<thead>
<tr>
<td>产品名称</td>
<td>类型</td>
<td>价格</td>
</tr></thead>
<tr>
<td>手工编织厚围巾</td>
<td>围巾</td>
<td>45元</td>
</tr>
<tr>
<td>彩音盒MP3</td>
<td>数码</td>
<td>599元</td>
</tr>
<tr>
<td>彩晶石银手链</td>
<td>银饰</td>
```

```
<td>68元</td>
</tr>
<tr>
<td colspan="3" align="right">欢迎光临本购物网站！</td>
</tr>
</table>
</body>
</html>
```

在代码中加粗的部分为设置表格的表头，在浏览器中预览效果，如图4.18所示。

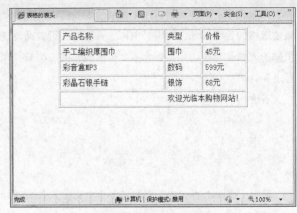

图4.18　表格的表头效果

4.5.2　表格的表主体标记<tbody>

与表头样式的标记功能类似，表主体标记用于统一设计表主体部分的样式，标记为<tbody>。

语法：

```
<tbody>
…
</tbody>
```

说明：<tbody>标记表示表格主体（正文），用于组合HTML表格的主体内容。如果要使用<thead>、<tfoot>以及<tbody>标记，就必须使用全部的标记。它们的出现次序是<thead>、<tfoot>、<tbody>，这样浏览器就可以在收到所有数据前呈现页脚了。必须在<table>标记内部使用这些标记。

举例：

```
<!doctype html>
<html>
<head>
<meta http-equiv="content-type" content="text/html; charset=gb2312" />
<title>表主体</title>
</head>
<body>
<table width="400" border="1" align="center" cellpadding="5" cellspacing="2">
<caption>
某购物网站列表
</caption>
<thead bgcolor="#FF33FF" align="center">
```

```
<tr>
<td>产品名称</td>
<td>类型</td>
<td>价格</td>
</tr>
</thead>
<tbody bgcolor="#CC99FF" align="left">
<tr>
<td>手工编织厚围巾</td>
<td>围巾</td>
<td>45元</td>
</tr>
<tr>
<td>彩音盒MP3</td>
<td>数码</td>
<td>599元</td>
</tr>
<tr>
<td>彩晶石银手链</td>
<td>银饰</td>
<td>68元</td>
</tr>
</tbody>
<tr>
<td colspan="3" align="right">欢迎光临本购物网站！</td>
</tr>
</table>
</body>
</html>
```

在代码中加粗的部分为设置表格的表主体，在浏览器中预览效果，如图4.19所示。

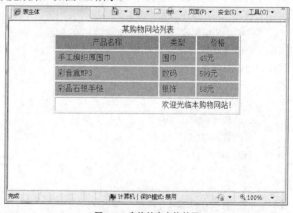

图4.19　表格的表主体效果

4.5.3　表格的表尾标记<tfoot>

<tfoot>标记用于定义表尾样式。

语法：

```
< tfoot bgcolor="背景颜色" align="对齐方式">
…
</ tfoot >
```

说明：<thead>、<tfoot>以及 <tbody>标记可以对表格中的行进行分组。创建某个表格时，若拥有一个标题行，一些带有数据的行，以及位于底部的一个总计行，这种划分可以使浏览器有能力支持独立于表格标题和页脚的表格正文滚动。当长的表格被打印时，表格的表头和页脚可被打印在每张包含表格数据的页面上。

举例：

```
<!doctype html>
<html>
<head>
<meta http-equiv="content-type" content="text/html; charset=gb2312" />
<title>表尾</title>
</head>
<body>
<table width="400" border="1" align="center" cellpadding="5" cellspacing="2">
<caption>
某购物网站列表
</caption>
<thead bgcolor="#FF33FF" align="center">
<tr>
<td>产品名称</td>
<td>类型</td>
<td>价格</td>
</tr>
</thead>
<tbody bgcolor="#CC99FF" align="left">
<tr>
<td>手工编织厚围巾</td>
<td>围巾</td>
<td>45元</td>
</tr>
<tr>
<td>彩音盒MP3</td>
<td>数码</td>
<td>599元</td>
</tr>
<tr>
<td>彩晶石银手链</td>
<td>银饰</td>
<td>68元</td>
</tr>
</tbody>
<tfoot bgcolor="#FFCCFF" align="right"><tr>
<td colspan="3" align="right">欢迎光临本购物网站！</td>
</tr></tfoot>
```

```
    </table>
  </body>
</html>
```

在代码中加粗的部分为设置表格的表尾，在浏览器中预览效果，如图4.20所示。

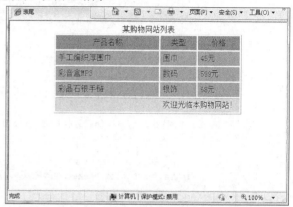

图4.20　表格的表尾效果

4.6　课堂练习——使用表格排版网页

本章主要讲述了表格的常用标记，下面就通过实例讲述表格在整个网页排版布局方面的综合运用。

01 打开Dreamweaver，新建一空白文档，如图4.21所示。

02 打开代码视图，将光标置于相应的位置，输入如下代码，插入3行1列的表格。此表格记为表格1，如图4.22所示。

```
<table width="1000" cellspacing="0" cellpadding="0">
  <tr>
    <td> </td>
  </tr>
  <tr>
    <td> </td>
  </tr>
  <tr>
    <td> </td>
  </tr>
</table>
```

图4.21　新建文档

图4.22　插入表格1

⑩ 在表格1的第一行单元格中输入如下代码，如图4.23所示。

```
<table cellspacing=0 cellpadding=0 width=1000 align=center border=0>
    <tbody>
      <tr>
        <td><table cellspacing=0 cellpadding=0 width=1000 align=center border=0>
         <tbody>
         <tr>
         <td><img height=13 src="images/shou_1.gif"      width=1000></td>
         </tr>
         </tbody>
        </table>
         <table cellspacing=0 cellpadding=0 width=1000 align=center border=0>
           <tbody>
            <tr>
        <td valign=bottom background=images/shou_2.gif height=191> </td>
            </tr>
           </tbody>
         </table>
          <table cellspacing=0 cellpadding=0 width=1000 align=center border=0>
            <tbody>
             <tr>
          <td width=254>
          <img height=46 src="images/shou_3.gif"  width=254 border=0></td>
         <td width=98><img height=46   src="images/shou_4.gif"
          width=98 border=0   name=image4></td>
          <td width=88><img height=46 src="images/shou_5.gif" width=88
          border=0   name=image5></td>
          <td width=88><img height=46 src="images/shou_6.gif" width=88 border=0
           name=image6></td>
           <td width=90><img height=46   src="images/shou_7.gif" width=90 border=0
           name=image7></td>
           <td width=105><img height=46 src="images/shou_8.gif" width=105
           border=0   name=image8></td>
           <td width=93><img height=46 src="images/shou_9.gif" width=93 border=0
           name=image9></td>
           <td width=94><img height=46   src="images/shou_10.gif" width=94 border=0
           name=image10></td>
           <td width=90><img height=46   src="images/shou_11.gif" width=90
           border=0   name=image11></td>
              </tr>
             </tbody>
           </table></td>
       </tr>
      </tbody>
    </table>
```

⑩ 将光标置于表格1的第二行单元格中，输入如下代码，插入1行2列的表格，此表格记为表格2，如图4.24所示。

```
<table width="100%" cellspacing="0" cellpadding="0">
    <tr>
        <td> </td>
        <td> </td>
    </tr>
</table>
```

图4.23 输入内容

图4.24 插入表格2

05 将光标置于表格2的第一列单元格中，输入如下相应的内容，如图4.25所示。

```
<table cellspacing=0 cellpadding=0 width=246 border=0>
...
</table>
```

06 将光标置于表格2的第二列单元格中，输入如下相应的内容，如图4.26所示。

```
table cellspacing=0 cellpadding=0 width=754 border=0>
...
</table>
```

图4.25 输入内容

图4.26 输入内容

07 将光标置于表格1的第3行单元格中，输入以下代码内容，如图4.27所示。

```
<table class=hei height=59 cellspacing=0 cellpadding=0  width="83%"   border=0>
    <tbody>
        <tr>
        <td align=center width="83%">版权所有</td>
        </tr>
```

```
        </tbody>
    </table>
```

08 保存文档，按F12键在浏览器中预览，效果如图4.28所示。

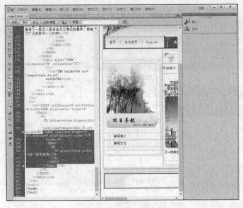

图4.27　输入内容

图4.28　利用表格排版网页效果

4.7　本章小结

　　表格是用于排列内容的最佳方式。在网页中，绝大多数网页的页面都是使用表格进行排版的。本章主要讲述表格的创建、表格的属性、行属性、单元格属性和表格的结构标记等内容。可以通过本章的学习，合理利用表格来排列数据，这样有助于协调页面结构的均衡，使得页面在形式上既丰富多彩又有条理、组织上井然有序而不显得单调，从而设计出版式漂亮的网页。

4.8　课后习题

1. 填空题

　　（1）表格由行、列和单元格3部分组成，一般通过3个标记来创建，分别是表格标记_____、行标记_____和单元格标记_____。表格的各种属性都要在表格的开始标记\<table\>和表格的结束标记\</table\>之间才有效。

　　（2）还有一些标记是用来表示表格结构的，包括表头标记_____、表主体标记_____以及表尾标记_____。这些标记可应用到表格里，用于整体规划表格的行列属性。

　　（3）可以使用_____来设置标题，表格的标题一般位于整个表格的第一行。

　　（4）表格的边框可以很粗、也可以很细，可以使用_____属性来设置表格的边框效果，默认情况下如果不指定_____属性，则浏览器将不显示表格边框。

2. 操作题

　　制作一个图4.29所示的表格。

消费项目	一月	二月
衣服	¥241.10	¥50.20
化妆品	¥30.00	¥44.45
食物	¥730.40	¥$650.00
总计	¥1001.50	¥744.65

图4.29　表格

第**5**章

HTML5开发实战

在过去的10年里，网页设计师使用 Flash、JavaScript 或其他复杂的软件和技术来创建网站。现在可以使用HTML5实现交互式服务、单页UI、交互式游戏、复杂业务应用。凭借对标准驱动的移动应用开发的支持，以及各种强大特性，HTML5迎来了它的黄金时代。本章介绍HTML5开发实战。

学习目标

- 掌握HTML5 视频video
- 掌握HTML5 地理定位
- 掌握HTML5 SVG
- 掌握HTML5 音频audio
- 掌握HTML5 画布canvas

5.1 HTML5 视频video

以前在网页中嵌入视频最常用的方法是使用Flash，使用<object>和<embed>标记，就可以通过浏览器播放SWF、FLV等格式的视频文件，但是前提是浏览器必须安装第三方插件Adobe Flash Player。而HTML5的到来，改变了这一情况，只需要使用<video>标记就可以轻松加载视频文件，而不需要任何第三方插件。

5.1.1 <video>标记简介

HTML5中的<video>标记的出现改变了浏览器必须加载插件的情况，进一步改善了用户Web体验，让用户在轻松愉快的情况下观看视频。HTML5使用<video>标记可以控制视频的播放与停止、循环播放、视频尺寸等。<video>标记含有src、poster、preload、autoplay、loop、controls、width、height等属性。

1. src和poster属性

src属性规定要播放的视频的 URL。poster 属性规定视频下载时显示的图像，或者在用户单击播放按钮前显示的图像。

2. preload属性

preload属性用于定义视频是否预加载。该属性有3个可选择的值：none、metadata、auto。如果不使用此属性，则默认为auto。如果使用 autoplay，则忽略该属性。

```
<video src="xxxx.mp4" preload="none"></video>
```

- none：页面加载后不载入视频。
- metadata：页面加载后只载入元数据。
- auto：页面加载后载入整个视频。

3. autoplay属性

autoplay属性用于设置视频是否自动播放。当出现时，表示自动播放。

```
<video src="xxxx.mp4" autoplay="autoplay" ></video>
```

4. loop属性

loop属性规定当视频播放结束后将重新开始播放。如果设置该属性，则视频将循环播放。

```
<video width="658" height="444" src="xxxx.mp4" autoplay="autoplay" loop="loop">
</video>
```

5. controls属性

如果出现controls属性，则向用户显示控件，控制栏需包括播放暂停控制、播放进度控制、音量控制等。

带有浏览器默认控件的<video>标记的使用方法如下。

```
<video width="658" height="444"  autoplay="autoplay"  controls="controls">
  <source src="movie.ogg" type="video/ogg" />
  <source src="movie.mp4" type="video/mp4" />
</video>
```

6. width属性和height属性

这两个属性用于设置视频播放器的宽度和高度。

5.1.2　课堂案例——在网页中添加视频文件

以前网页中的大多数视频是通过插件来显示的，然而，并非所有浏览器都拥有同样的插件。HTML5规定了一种通过了<video>标记来包含视频的标准方法。

当前，<video>标记支持3种视频格式，分别如下。

Ogg：带有Theora视频编码和Vorbis音频编码的Ogg文件。

MP4：带有H.264视频编码和AAC音频编码的MPEG 4文件。

WebM：带有VP8视频编码和Vorbis音频编码的WebM文件。

举例：

```
<!doctype html>
<html>
<body>
<video width="500" height="240" controls>
  <source src="2.mp4" type="video/mp4">
</video>
</body>
</html>
```

需要注意的是，MP4格式的视频需要Safari或搜狗浏览器来支持，Ogg格式的视频则适用于Firefox、Opera以及Chrome浏览器，IE浏览器支持MP4格式的视频。在搜狗浏览器中预览，效果如图5.1所示。

图5.1　插入视频效果

5.1.3　课堂案例—— 链接不同的视频文件

<source>标记用于给媒体指定多个可选择的文件地址，且只能在媒体标记没有使用src属性时使用。<source> 标记可以链接不同格式的视频文件。浏览器检测并使用第一个可识别的格式。

下面的例子里，浏览器如果支持MP4格式则播放视频，不支持MP4格式则无法播放视频。

```
< video src="xxx.mp4" autoplay></ video >
```

而如果像下面这样指定了多个媒体源的话，当浏览器支持MP4格式时会播放MP4格式的视频，不支持MP4格式的时候会按顺序播放下面的WebM或Ogg格式的视频。

```
< video autoplay>
  <source src="xxx.mp3" type=" video/mp4">
  <source src="xxx.wav" type=" video/webm ">
  <source src="xxx.ogg" type=" video/ogg">
</ video >
```

<source>标记包含src、type、media3个属性。

- src属性：用于指定媒体的地址。
- type属性：用于说明媒体的类型，帮助浏览器在获取媒体前判断是否支持此类别的媒体格式。
- media属性：用于说明媒体在何种媒介中使用，不设置时默认值为all，表示支持所有媒介。

举例：

```
<!doctype html>
<html>
<body>
<video width="500" height="240" controls >
  <source src="1.3gp" type="video/3gp">
  <source src="2.mp4" type="video/mp4">
  </video>
</body>
</html>
```

在此例中搜狗浏览器不支持3GP格式，所以就使用第二个可以识别的格式，在浏览器中预览，效果如图5.2所示。

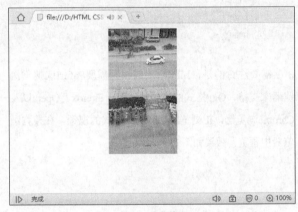

图5.2　预览效果

5.2 HTML5 音频audio

HTML5规定了一种通过<audio>标记来包含音频的标准方法。audio元素能够播放声音文件或者音频流。

5.2.1 <audio>标记简介

在HTML5中，<audio>标记与<video>标记非常类似，但<audio>标记没有视频效果。<audio>标记是HTML5的一个原生标记，它消除了使用第三方播放器的必要。与<video>标记类似，可以使用CSS设置<audio>标记的样式。

<audio> 标记可以包含多个音频资源，这些音频资源可以使用 src 属性或者source元素来进行描述；浏览器将会选择最合适的一个来使用。当前，<audio>标记支持3种音频格式：Ogg、MP3和Wav格式。

举例：

```
<audio controls="controls">
  <source src="song.ogg" type="audio/ogg">
  <source src="song.mp3" type="audio/mpeg">
</audio>
```

5.2.2 课堂案例——隐藏audio播放器

在<audio>标记中，如果不包含controls属性，则audio播放器将不会呈现在页面上。在这种情况下，用户无法使用标准控件来启动音频播放。在不呈现audio播放器的情况下，可以将启动<audio>标记音频播放的方法放在页面的load事件中。

举例：

```
<!doctype html>
<html lang="en">
<head>
<meta charset="utf-8">
<title>Audio</title>
<style>
#audio1 {border-style:ridge;
border-color:#c3eefd;
border-width:15px;
}
</style>
<script>
function playmusic() {
document.getElementById("audio1").play();
}
</script>
</head>
<body onload="playmusic();">
<div style="margin-left:40px;">
<h1> Music Plays without any Visible Player</h1>
<br><br>
<audio id="audio1">
  <source src="DontPanic.ogg" type="audio/ogg" />
  <source src="movie.ogg" type="audio/ogg" />
  </audio>
<br><br>
</div>
</body>
</html>
```

在页面加载时将调用playmusic()函数，在该函数中，调用了<audio>标记的.play()方法。当用户在浏览器中打开该页面时，<audio>标记将播放指定的音频文件，在浏览器中预览效果时，虽然看不到播放器，但能听到声音，如图5.3所示。

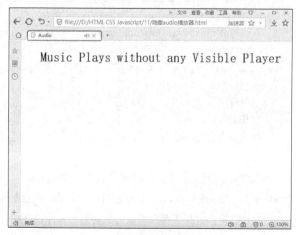

图5.3 预览效果

5.2.3 课堂案例——使用<audio>标记的事件

<audio>标记可以触发很多事件。其中很多是标准事件，如鼠标单击（click）、鼠标移动（mouse move）、获得焦点（focus）等事件。另外一些则是<audio>标记所特有的事件，包括播放（play）、暂停（pause）、音量改变（volume change）、播放完毕（ended）等。

举例：

```
<!doctype html>
<head>
<meta charset="utf-8">
<title>Audio</title>
<style>
#audio1 {border-style:ridge;
border-color:#c3eefd;
border-width:15px;
background: url(gradient1.jpg); }
</style>
<script>
function showpicture() {
document.getElementById("musicstaff").style.visibility="visible";
}
function hidepicture() {
document.getElementById("musicstaff").style.visibility="hidden";
}
function thanks() {
document.getElementById("thanks").innerHTML=
"<h2>Thanks for listening!</h2>"; }
</script>
</head>
<body>
<div style="margin-left:40px;">
<h1>Music Play with Events</h1>
<br>
<div id="thanks"></div>
<br>
<audio controls id="audio1" onplay="showpicture()"
onpause="hidepicture()" onended="thanks()">
  <source src="movie.ogg" type="audio/ogg" />
    Your browser does not support the audio element </audio>
<br><br>
<img src="bo.jpg" width="376" height="262" id="musicstaff"
style="visibility:hidden;">
</div>
</body>
</html>
```

对于页面中标识符为musicstaff的图片（即bo.jpg），当页面加载时，该图片将被设置为不可见（style="visibility: hidden;"），如图5.4所示。一旦播放器启动播放，就会触发play事件，调用JavaScript函数showpicture()将图片切换为可见，如图5.5所示。如果暂停播放，则会触发pause事件，调用另外一个JavaScript函数hidepicture()将图片切换回隐藏状态，如图5.6所示。最后，当歌曲播放完毕，将触发ended事件，显示一条Thanks for listening消息，如图5.7所示。可以通过设置用于显示该消息的<div>标记的innerHTML属性将该消息显示在页面上。

图5.4　页面加载时

图5.5　播放器启动播放时

图5.6　暂停播放时

图5.7　播放结束后

5.3 HTML5 地理定位

地理定位（Geolocation）就是确定某个设备或用户在地球上所处位置的过程。地理定位是HTML5中非常重要的新功能。Internet Explorer 9、Firefox、Chrome、Safari以及Opera浏览器支持地理定位。

5.3.1 地理定位方法

地理位置是 HTML5 的重要功能之一，能确定用户的位置，借助这个功能能够开发基于位置信息的应用。目前，Web网站可以使用3种方法来确定地理位置。

1. 通过IP地址来定位

所有面向公众网络的IP地址及其纬度/经度（latitude/longitude）位置都被储存在数据库之中。一旦网站获得了某个设备的IP地址，通过一个简单的查询就可以粗略地确定某个设备所在的地理位置。根据所使用设备的质量，这一方法可以在几米的半径范围内识别出该设备的用户所在的位置。

2. 全球定位系统GPS

GPS（Global Positioning System）是全球定位系统，是一个由24颗地球轨道卫星组成的系统。GPS设备向这些卫星发送一条消息。利用发送和接收该消息的时间，就可以以数米半径的精度，确定信息发送者的纬度和经度。对于需要精确定位的开发人员来说，GPS是一个理想的解决方案。绝大多数移动设备都具有发送GPS信息的功能。某些系统包含了一个内建的GPS设备。但是，桌面型计算机几乎都不能发送GPS信息。

3. 蜂窝电话基站的位置定位

第三种发现地理位置的方法是根据蜂窝电话基站的位置进行三角定位。绝大多数蜂窝电话都可以使用该方法进行定位，尽管有时不完全精确，但该方法可以快速地返回用户的地理位置。

无论采用哪一种定位方法，HTML5都可以采用地理定位功能进行定位。HTML5的地理定位功能，可以确定你的纬度、经度和海拔。根据所使用的设备，它还可以计算其他的值。

5.3.2 课堂案例——处理拒绝和错误

获取用户的地理位置是没有保证的，并且可能会产生一些错误。getCurrentPosition方法的第二个参数showError是一个错误处理的回调函数。它规定当获取用户位置失败时运行的函数。

举例：

```
<!doctype html>
<html>
<head>
<meta charset="utf-8">
<title>处理拒绝和错误</title>
</head>
<body>
<p id="demo">获取您当前坐标</p>
<button onclick="getLocation()">点我</button>
<script>
var x=document.getElementById("demo");
function getLocation()
{
  if (navigator.geolocation)
  {
          navigator.geolocation.getCurrentPosition(showPosition,showError);
  }
  else
  {
          x.innerHTML="该浏览器不支持定位。";
  }
}
function showPosition(position)
{
  x.innerHTML="纬度: " + position.coords.latitude +
  "<br>经度: " + position.coords.longitude;
}
function showError(error)
{
  switch(error.code)
  {
          case error.PERMISSION_DENIED:
          x.innerHTML="用户拒绝对获取地埋位置的请求。"
          break;
          case error.POSITION_UNAVAILABLE:
          x.innerHTML="位置信息是不可用的。"
          break;
```

```
                case error.TIMEOUT:
                x.innerHTML="请求用户地理位置超时。"
                break;
                case error.UNKNOWN_ERROR:
                x.innerHTML="未知错误。"
                break;
         }
     }
    </script>
    </body>
    </html>
```

在浏览器中预览，效果如图5.8所示，无法获取当前用户位置时显示如图5.9所示。

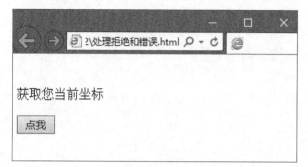

图5.8　预览效果

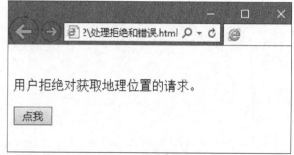

图5.9　地理位置信息错误

5.3.3　课堂案例——在地图上显示用户的位置

　　HTML5中提供了地理位置信息的API，可以通过浏览器来获取用户当前位置。基于此特性可以开发基于位置的服务应用。在获取地理位置信息前，首先浏览器会向用户询问是否愿意共享其位置信息，待用户同意后才能使用。watchPosition()可返回用户的当前位置，并继续返回用户移动时的更新位置。clearWatch()可停止watchPosition()方法。

　　举例：

```
<!doctype html>
<html>
<head>
<meta charset="utf-8">
</head>
<body>
<p id="demo">单击按钮，获得您的坐标：</p>
<button onclick="getLocation()">试一下</button>
<script>
var x=document.getElementById("demo");
function getLocation()
  {
  if (navigator.geolocation)
    {
    navigator.geolocation.watchPosition(showPosition);
```

```
      }
    else{x.innerHTML="Geolocation is not supported by this browser.";}
    }
  function showPosition(position)
    {
    x.innerHTML="Latitude: " + position.coords.latitude +
    "<br >Longitude: " + position.coords.longitude;
    }
  </script>
  </body>
  </html>
```

在浏览器中预览，效果如图5.10所示。单击按钮后可获取当前用户位置的纬度和经度，如图5.11所示。

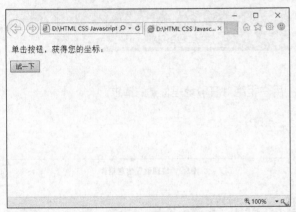

图5.10　预览效果

图5.11　获取经度和纬度

5.4 HTML5 画布canvas

在HTML5中<canvas>标记用于在网页上绘制图形，该标记的强大之处在于可以直接在HTML5上进行图形操作，具有极大的应用价值。

5.4.1 <canvas>标记

<canvas>标记可以说是HTML5标记中功能最强大的一个。HTML5的<canvas>标记使用JavaScript在网页上绘制图像。画布是一个矩形区域，可以控制其每一像素。<canvas>标记拥有多种绘制路径、矩形、圆形、字符，以及添加图像的方法。

语法：

```
<canvas id="myCanvas" width="200" height="100"></canvas>
```

说明：<canvas>标记要求至少设置width和height属性，以指定要创建的绘图区域的大小。任何在起始标记和结束标记之间的内容都是候选内容，它们当浏览器不支持<canvas>标记的时候便会显示。

举例：

```
<!doctype html>
<html>
```

```
<head>
<meta charset="utf-8">
<title>canvas元素</title>
    <style>
        body {
    background: #dddddd;
        }
        #canvas {
            margin: 10px;
            padding: 10px;
            background: #9C0;
            border: thin inset #aaaaaa;
        }
    </style>
  </head>
<body>
    <canvas id='canvas' width='500' height='400'>
    Canvas not supported
    </canvas>
</body>
</html>
```

本例使用了<canvas>标记，为其指定了一个标识符，并设置了绘图区域的宽度与高度，使用了CSS来设置应用程序的背景色以及<canvas>标记自身的某些属性，预览效果如图5.12所示。

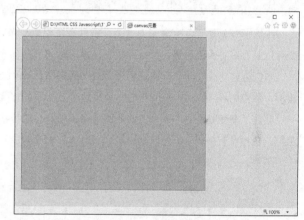

图5.12　绘制矩形画布

5.4.2　课堂案例——绘制直线

在<canvas>标记中，有两种基本图形，一种是直线，另一种是曲线。其中，绘制直线可以使用moveTo()和lineTo()两个方法，分别是线段的起点和终点坐标，变量为（x坐标，y坐标），strokeStyle()、stroke()分别为路径绘制样式和绘制路径的方法。

举例：

```
<!doctype html>
<html>
    <head>
        <meta charset="UTF-8"/>
    </head>
    <style type="text/css">
        canvas{border:dashed 2px #CCC}
```

```
        </style>
        <script type="text/javascript">
            function $$(id){
                return document.getElementById(id);
            }
            function pageLoad(){
                var can = $$('can');
                var cans = can.getContext('2d');
                cans.moveTo(20,30);//第一个点
                cans.lineTo(290,150);//第二个点
                    cans.lineWidth=3;
                cans.strokeStyle = 'red';
                cans.stroke();
            }
        </script>
        <body onload="pageLoad();">
            <canvas id="can" width="300px" height=
"200px">4</canvas>
        </body>
    </html>
```

预览效果如图5.13所示。

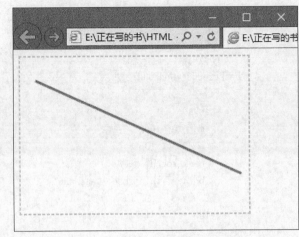

图5.13 绘制直线

5.4.3 课堂案例——线性渐变

线性渐变就是颜色有渐变的效果，线性渐变沿着一条直线路径，从一种颜色过渡到另外一种颜色。一个线性渐变可以具有多种颜色设置，每一种颜色设置在路径上具有一个不同的位置。

本例创建的线性渐变，通过调用createLinearGradient()方法实现。这个方法接收4个参数：起点的x坐标、起点的y坐标、终点的x坐标、终点的y坐标。调用这个方法后，它就会创建一个指定大小的渐变。

创建了渐变对象后，下一步就是使用addColorStop()方法来指定色标。这个方法接收两个参数：色标位置和CSS颜色值。色标位置是一个0（开始的颜色）到1（结束的颜色）之间的数字。

举例：

```
<!doctype html>
<html>
<head>
<meta charset="utf-8">
<title>线性渐变</title>
<style>
body { background-color:#eeeeee; }
#outer   {margin-left:40px;
margin-top:40px;
}
</style>
</head>
<body>
<div id="outer">
<canvas id="canvas1" width="400" height="400">
Your browser doesn't support the canvas! Try another browser.
</canvas>
</div>
<script>
```

```
var mycanvas=document.getElementById("canvas1");
var cntx=mycanvas.getContext('2d');
var mygradient=cntx.createLinearGradient(30,30,300,300);
mygradient.addColorStop("0","#CC3");
mygradient.addColorStop(".40","#FF0");
mygradient.addColorStop(".57","#390");
mygradient.addColorStop(".82","#90C");
mygradient.addColorStop("1.0","#9FF");
cntx.fillStyle=mygradient;
cntx.fillRect(0,0,400,400);
</script>
</body>
</html>
```

这5个颜色点中的每一个，都按照从0到1的位置顺序地排列，并设置了相应的颜色。即使将颜色点的范围设置为从0到1，但绘图区域的尺寸为400像素×400像素，另外渐变也被设置为从坐标（30，30）到（300，300）的位置。在浏览器中预览效果，可以看到一个具有5个颜色点的线性渐变，如图5.14所示。

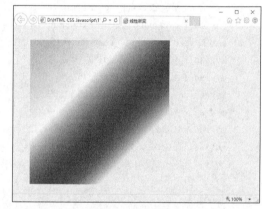

图5.14　线性渐变

5.4.4 课堂案例——径向渐变

径向渐变是从一个点向外围扩散。可以使用createRadialGradient()方法创建径向渐变。用于创建线性渐变的createLinearGradient()方法仅接收4个参数，与之不同的是，创建径向渐变的createRadialGradient()方法需要接收6个参数。最好将用于定义径向渐变的6个参数视为两组参数，每一组包含3个参数，每一组参数用于建立一个圆的原点和半径。只要为这两个圆设置不同的参数，就可以实现径向渐变效果。

创建径向渐变步骤如下。

（1）创建径向渐变对象 createRadialGradient(x0，y0，r0，x1，y1，r1)，其中x0、y0、r0分别为起始圆的坐标和半径，x1、y1、r1为终止圆的坐标和半径。

（2）设置渐变颜色 addColorStop(position，color)，position为从0~1.0的值，表示渐变的相对位置；color是一个有效的CSS颜色值。

（3）设置画笔颜色为该径向渐变对象。

（4）画图。

举例：

```
<!doctype html>
<html>
<head>
<meta charset="utf-8">
<title>径向渐变</title>
```

```
<style>
body { background-color:#eeeeee; }
#outer  {margin-left:40px;
margin-top:40px;
}
</style>
</head>
<body>
<div id="outer">
<canvas id="canvas1" width="400" height="400">
Your browser doesn't support the canvas! Try another browser.
</canvas>
</div>
<script>
var mycanvas=document.getElementById("canvas1");
var cntx=mycanvas.getContext('2d');
var mygradient=cntx.createRadialGradient(200,200,10,300,300,300);
mygradient.addColorStop("0","#CC3");
mygradient.addColorStop(".25","#FF0");
mygradient.addColorStop(".50","#390");
mygradient.addColorStop(".75","#90C");
mygradient.addColorStop("1.0","#9FF");
cntx.fillStyle=mygradient;
cntx.fillRect(0,0,400,400);
</script>
</body>
</html>
```

与线性渐变一样，径向渐变也使用颜色点来定义颜色渐变的分界点。用于创建径向渐变的参数定义了两个圆形，预览效果如图5.15所示。

注意在绘制径向渐变时，可能会因为绘图区域的宽度或者高度设置不合适，导致径向渐变显示不完全，需要考虑调整绘图区域的尺寸。

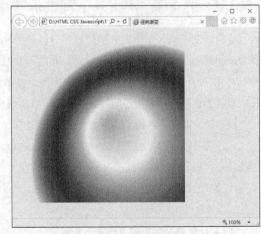

图5.15　径向渐变

5.5 HTML5 SVG

SVG是基于可扩展标记语言（XML），用于描述二维矢量图形的一种图形格式。SVG是W3C制定的一种新的二维矢量图形格式，也是规范中的网络矢量图形标准。SVG严格遵从XML语法，并用文本格式的描述性语言来描述图像内容，因此是一种和图像分辨率无关的矢量图形格式。

5.5.1　SVG简介

SVG允许3种类型的图形对象：矢量图形形状（例如由直线和曲线组成的路径）、图像和文本。可以将图形对象（包括文本）分组、样式化、转换和组合到以前呈现的对象中。SVG 功能集包括嵌套转换、剪切路径、alpha蒙版和模板对象。

SVG绘图是交互式和动态的。例如，可使用脚本来定义和触发动画。这一点与Flash相比很强大。Flash是用二进制文件，动态创建和修改都比较困难。而SVG是文本文件，动态操作是相当容易的。

SVG与其他Web标准兼容，并直接支持文档对象模型DOM。这一点也是与HTML5中的canvas相比很强大的地方。因而，可以很方便地使用脚本实现SVG的很多高级应用。

与其他图像格式相比（如JPEG和GIF），使用SVG有如下所述优势。

- SVG图像可通过文本编辑器来创建和修改。
- SVG图像可被搜索、索引、脚本化或压缩。
- SVG图像是可伸缩的。
- SVG图像可在任何的分辨率下被高质量地打印。
- SVG图像可在图像质量不下降的情况下被放大。

5.5.2　课堂案例——绘制各种图形

SVG提供了很多的基本形状，使用这些标记可以直接绘制图形。

举例：

```
<!doctype html>
<html>
<head>
<meta charset="utf-8">
<title>图形绘制</title>
</head>
<body>
  <svg width="100%" height="100%"  >
  <circle cx="300" cy="100" r="80" stroke="#ff0" stroke-width="3" fill="green" />
    </svg>
</body>
</html>
```

<circle>标记的属性很简单，主要是定义圆心和半径。

r：圆的半径。

cx：圆心坐标x值。

cy：圆心坐标y值。

在本实例中绘制了一个绿色的圆形，描边颜色为黄色，在浏览器中预览，可以看到效果如图5.16所示。

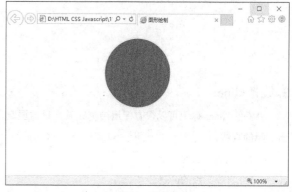

图5.16　绘制圆

SVG还可以绘制预定义的基础图形，如矩形<rect>、椭圆<ellipse>、线条<line>、折线<polyline>、多边形<polygon>。

1. 矩形<rect>

SVG的<rect>标记定义了一个矩形，可以通过添加几个属性来控制它的大小、颜色和边角圆角等。

- x：矩形左上角的点的x坐标。
- y：矩形左上角的点的y坐标。
- rx：矩形4个圆角的水平半径。
- ry：矩形4个圆角的垂直半径。
- width：矩形的宽度。
- height：矩形的高度。

举例：

```
<svg width="300px" height="150px">
  <rect x="20" y="20" width="250px" height="125px" rx="5" ry="5" fill="teal" />
</svg>
```

在浏览器中预览，效果如图5.17所示。

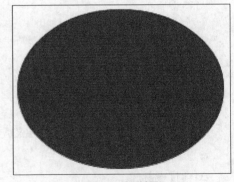

图5.17　绘制矩形

2. 椭圆<ellipse>

定义椭圆只需要在圆形的基础上增加一个属性。

- cx：椭圆中心点的x坐标。
- cy：椭圆中心点的y坐标。
- rx：椭圆的水平半径。
- ry：椭圆的垂直半径。

椭圆在x轴和y轴上有不同的半径，即rx和ry，与圆形的半径r相对应。

举例：

```
<svg width="300px" height="300px">
  <ellipse cx="150" cy="150" rx="100" ry="75" fill="blue" />
</svg>
```

在浏览器中预览，效果如图5.18所示。

图5.18　绘制椭圆

3. 线条<line>

SVG的<line>标记可以很方便地绘制线条。只需要定义线条的起点和终点，然后各个浏览器都会做好计算，创建出实际的直线。

- x1：直线起点的x坐标。
- y1：直线起点的y坐标。
- x2：直线终点的x坐标。
- y2：直线终点的y坐标。

举例：

```
<svg width="300px" height="250px">
  <line x1="100" y1="200" x2="250" y2="50" stroke="#000" stroke-width="5" />
</svg>
```

在浏览器中预览，效果如图5.19所示。

图5.19　绘制线条

4. 折线<polyline>

折线是一组相互连接的直线集合。使用SVG创建折线，需要使用points属性，来定义需要的任意数量的坐标点。
举例：

```
<svg width="300px" height="300px">
  <polyline points="10 10, 50 50, 75 175, 175 150, 175 50, 225 75, 225 150, 300 150"
  fill="none" stroke="#000"/>
</svg>
```

上面的代码有几点需要注意。首先每一组坐标点都使用一个逗号分隔，另外除了第一个点和最后一个点，每个坐标点都代表一条线段的起点以及另一条线段的终点。在浏览器中预览，效果如图5.20所示。

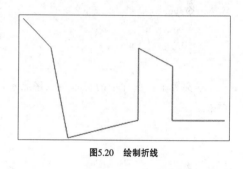

图5.20　绘制折线

5. 多边形<polygon>

多边形和折线一样，只不过它会在最后自动闭合线条，变成一个图形。
举例：

```
<svg width="300px" height="200px">
  <polygon points="10 10, 50 50, 75 175, 175 150, 175 50, 225 75, 225 150, 300 150" fill="red"
  stroke="#000"/>
</svg>
```

和折线一样，多边形使用逗号来分隔每一组坐标点，唯一的区别是这是一个多边形而不是折线。即使我们没有明确设置，它最后都会在最后一个点和第一个点之间绘制一条直线来闭合图形。在浏览器中预览，效果如图5.21所示。

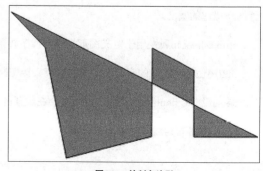

图5.21　绘制多边形

5.5.3 课堂案例——文本与图像

SVG的强大能力之一是它可以将文本控制到标准HTML页面不可能有的程度，而无须求助图像或其他插件。使用SVG时，任何可以在形状或路径上执行的操作都可以在文本上执行。尽管SVG的文本渲染如此强大，但是还是有一个不足之处：SVG不能执行自动换行。如果文本比允许空间长，则简单地将它切断。多数情况下，创建多行文本需要多个文本元素。

举例：

```
<!doctype html>
<html>
<head>
<meta charset="utf-8">
<title>文本图像</title>
</head>
<body>
<svg>
  <rect width="300" height="200" fill="red" />
  <circle cx="150" cy="100" r="80" fill="blue" />
  <text x="150" y="125" font-size="60" text-anchor="middle" fill="white">文本图像</text>
</svg>
</body>
</html>
```

本实例中，图片中的文本将直接显示，效果如图5.22所示。

图5.22　文本图像

5.5.4 课堂案例——设置描边效果

stroke属性可以为图形设置描边效果，使用起来很简单，把颜色值赋给它就行了。stroke-width CSS属性用来设置图形描边的宽度。

stroke-linecap属性用于定义图形描边中线条头部的渲染样式。有3种样式。

butt属性指定线条的头部从线条的结束直接切断。

square属性和butt属性类似，但是它会在线条的两端留下一些空间。

round属性指定线条使用圆形线头。

举例：

```
<!doctype html>
<html>
<head>
<meta charset="utf-8">
<title>设置描边效果</title>
</head>
<body>
<svg width="160"height="140">
  <line x1="40"x2="120"y1="20"y2="20"stroke="red"stroke-width="20"stroke-linecap="butt"/>
  <line x1="40"x2="120"y1="60"y2="60"stroke="green"stroke-width="20"stroke-linecap="square"/>
  <line x1="40"x2="120"y1="100"y2="100"stroke="blue"stroke-width="20"stroke-linecap="round"/>
</svg>
</body>
</html>
```

这段代码绘制了3条使用不同风格线端点的线，效果如图5.23所示。

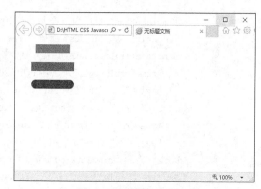

图5.23　笔画与填充效果

5.5.5 课堂案例——创建动画

SVG采用的是使用文本来定义图形，这种文档结构非常适合创建动画。要改变图形的位置、大小和颜色，只需要调整相应的属性就可以了。事实上，SVG有为处理各种事件而专门设计的属性，甚至其中很多还是为动画量身定做的。

举例：

```
<!doctype html>
<html>
<head>
<meta charset="utf-8">
<title>无标题文档</title>
</head>
<body><svg width="8cm" height="3cm"  viewBox="0 0 800 300"
  version="1.1">
  <desc>基本动画元素</desc>
  <rect x="1" y="1" width="798" height="298"
      fill="none" stroke="blue" stroke-width="2" />
  <!-- 矩形位置和大小的动画 -->
  <rect id="RectElement" x="300" y="100" width="300" height="100"
      fill="rgb(255,255,0)"  >
    <animate attributeName="x" attributeType="XML"
```

```
                     begin="0s" dur="9s" fill="freeze" from="300" to="0" />
            <animate attributeName="y" attributeType="XML"
                     begin="0s" dur="9s" fill="freeze" from="100" to="0" />
            <animate attributeName="width" attributeType="XML"
                     begin="0s" dur="9s" fill="freeze" from="300" to="800" />
            <animate attributeName="height" attributeType="XML"
                     begin="0s" dur="9s" fill="freeze" from="100" to="300" />
    </rect>
    <!-- 创建新的用户坐标空间，所以text是从新的(0,0)开始，后续的变换都是针对新坐标系的 -->
    <g transform="translate(100,100)" >
        <!-- 下面使用了set去动画visibility，然后使用animateMotion,
    animate和animateTransform执行其他类型的动画 -->
        <text id="TextElement" x="0" y="0"
              font-family="Verdana" font-size="35.27" visibility="hidden"  >
        动画播放!
          <set attributeName="visibility" attributeType="CSS" to="visible"
               begin="3s" dur="6s" fill="freeze" />
          <animateMotion path="M 0 0 L 100 100"
               begin="3s" dur="6s" fill="freeze" />
          <animate attributeName="fill" attributeType="CSS"
               from="rgb(0,0,255)" to="rgb(128,0,0)"
               begin="3s" dur="6s" fill="freeze" />
          <animateTransform attributeName="transform" attributeType="XML"
               type="rotate" from="-30" to="0"
               begin="3s" dur="6s" fill="freeze" />
          <animateTransform attributeName="transform" attributeType="XML"
               type="scale" from="1" to="3" additive="sum"
               begin="3s" dur="6s" fill="freeze" />
        </text>
    </g>
</svg>
</body>
</html>
```

本实例包含了SVG中几种最基本的动画，预览效果如图5.24所示。

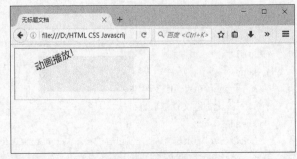

图5.24 动画播放效果

5.6 课堂练习

HTML5奠定了打造Web应用的基础，它可以让网站更易开发、更易维护、更具用户友好性。同时借助许多基于HTML5的移动开发框架可以让开发任务变得更加简单，用户可以更好地进行移动Web开发。

5.6.1　课堂练习1——绘制椭圆

　　<canvas>标记在HTML5中是用于画图的，可以绘制很多不同的图，本例来绘制一个椭圆。本例制作时用到了scale()函数，scale()函数能实现绘画区域的缩放。缩放有水平和垂直两个方向，代码中把绘画区域水平方向放大了，而垂直方向不变，因此画出的圆形就变成了一个椭圆。

```html
<!doctype html>
<html>
  <head>
    <style>
      body {
        margin: 0px;
        padding: 0px;
      }
    </style>
  </head>
  <body>
    <canvas id="myCanvas" width="578" height="250"></canvas>
    <script>
      var canvas = document.getElementById('myCanvas');
      var context = canvas.getContext('2d');
      var centerX = 0;
      var centerY = 0;
      var radius = 50;
      context.save();
      context.translate(canvas.width / 2, canvas.height / 2);
      context.scale(2, 1);
      context.beginPath();
      context.arc(centerX, centerY, radius, 0, 2 * Math.PI, false);
      context.restore();
      context.fillStyle = 'pink';
      context.fill();
      context.lineWidth = 5;
      context.strokeStyle = 'black';
      context.stroke();
    </script>
  </body>
</html>
```

　　本例使用的方法是用arc()方法绘制圆，结合scale()在横轴或纵轴方向缩放（均匀压缩），如图5.25所示。

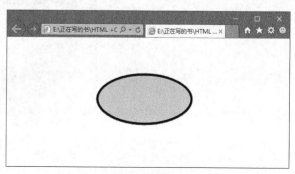

图5.25　绘制椭圆

5.6.2 课堂练习2——绘制精彩图形

下面创建图5.26所示的图形。

首先创建绘画区域，并设置其样式，代码如下。

```
<!doctype html>
<html lang="en">
<head>
    <meta charset="UTF-8">
    <title>canvas绘制精彩图形</title>
    <script type="text/javascript" src="canvas.js"></script>
    <style type="text/css">
        body{
            margin: 0;
            padding: 0;
        }
    </style>
</head>
<body onload="draw('canvas');">
<canvas id = "canvas" width="450" height="380"></canvas>
</body>
</html>
```

在JavaScript中定义绘制的图形。

```
function draw(id){
    var canvas = document.getElementById(id);
    var context = canvas.getContext('2d');
    context.fillStyle = "#f1f2f3";
    context.fillRect(0,0,500,500);//背景的绘制
    for(var i = 0;i<10;i++){
        context.beginPath();
        context.arc(25*i,25*i,10*i,0,Math.PI*2,true);
        context.closePath();
        context.fillStyle = "rgba(255,0,0,0.25)";
        context.fill();
    }
}
```

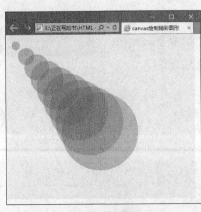

图5.26　绘制图形

5.7 本章小结

随着HTML5的迅猛发展，各大浏览器开发公司如Google、微软、苹果和Opera的浏览器开发业务都变得异常繁忙。在这种局势下，学习HTML5无疑成为Web开发者的一大重要任务，谁先学会HTML5，谁就掌握了迈向未来Web平台的一把钥匙。HTML5不仅是一门标记语言，它还包含了几十个相互独立的网络标准。读者通过学习HTML5将学会构建包含视频工具、动态作图、地理定位以及很多其他功能的网络应用程序。

5.8 课后习题

1. 填空题

（1）HTML5使用_____标记可以控制视频的播放与停止、循环播放、视频尺寸等。_____标记含有_____、_____、_____、_____、_____、_____、_____、_____等属性。

（2）_____标记可以包含多个音频资源，这些音频资源可以使用 src 属性或者\<source\>标记来进行描述，浏览器将会选择最合适的一个来使用。

（3）HTML5的_____标记使用JavaScript在网页上绘制图像。画布是一个矩形区域，可以控制其每一像素。_____拥有多种绘制路径、矩形、圆形、字符以及添加图像的方法。

（4）_____允许三种类型的图形对象：矢量图形形状（例如由直线和曲线组成的路径）、图像和文本。

2. 操作题

使用SVG绘制图5.27所示的形状。

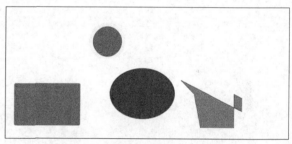

图5.27　绘制形状

第**6**章

设计特效文字样式

通过CSS样式定义，可以将网页制作得更加绚丽多彩。采用CSS技术，可以有效地对页面的布局、字体、颜色、背景和其他效果实现更加精确的控制。用CSS不仅可以做出令浏览者赏心悦目的网页，还能给网页添加许多特效。

学习目标

- 了解CSS
- 掌握CSS的字体属性
- 掌握CSS的使用
- 掌握文本属性

6.1 认识CSS

CSS（Cascading Style Sheets，层叠样式表）是一种制作网页的新技术，现在已经为大多数浏览器所支持，成为网页设计必不可少的工具之一。

网页最初是用HTML标记来定义页面文档及格式，如标题<hl>、段落<p>、表格<table>等，但这些标记不能满足更多的文档样式需求。为了解决这个问题，在1997年，W3C（The World Wide Web Consortium）颁布HTML4标准的同时也公布了有关样式表的第一个标准CSS1，自CSS1的版本之后，又在1998年5月发布了CSS2版本，样式表得到了更多的充实。使用CSS能够简化网页的格式代码，加快下载显示的速度，也减少了需要上传的代码数量，大大减少了重复的工作量。

样式表的首要目的是为网页上的元素精确定位。其次，它可以把网页上的内容结构和格式控制相分离。浏览者想要看的是网页上的内容结构，而为了让浏览者更好地看到这些信息，就要通过格式来控制。内容结构和格式控制相分离，可以使网页仅由内容构成，而且可以将所有网页的格式通过CSS样式表文件来控制。

CSS主要有以下优点。

• 利用CSS制作和管理网页都非常方便。

• CSS可以更加精确地控制网页的内容形式，如前面学过的<font>标记中的size属性，它用来控制文字的大小，但它控制的字体大小只有7级，如果出现需要使用10像素或100像素大的字体的情况，HTML标记就无能为力了。而CSS可以办到，它可以随意设置字体的大小。

• CSS的样式是丰富多彩的，比HTML更加丰富，如滚动条的样式定义、鼠标光标的样式定义等。

• CSS的定义样式灵活多样，可以根据不同的情况，选用不同的定义方法，如可以在HTML文件内部定义，可以分标记定义、分段定义，也可以在HTML文件外部定义，基本上能满足设计者的不同需要。

6.2 使用CSS

现在CSS已经广泛应用于各种网页的制作当中，在CSS的配合下，HTML标记语言能发挥出更大的作用。

6.2.1 CSS的基本语法

CSS的语法结构仅由3部分组成，分别是选择符、样式属性和值，基本语法如下。

```
选择符{样式属性：取值；样式属性：取值；样式属性：取值；… }
```

• 选择符（Selector）指这组样式编码所要针对的对象，可以是一个HTML标记，如<body>、<hl>；也可以是定义了特定id或class的标签，如#lay选择符表示选择<div id=lay>，即一个被指定了lay为id的对象。浏览器将对CSS选择符进行严格的解析，每一组样式均会被浏览器应用到对应的对象上。

• 属性（Property）是CSS样式控制的核心，对于每一个HTML中的标记，CSS都提供了丰富的样式属性，如颜色、大小、定位、浮动方式等。

• 值（value）是指属性的值，形式有两种，一种是指定范围的值，如float属性，只能使用left、right、none3种值。另一种为数值，如width能够使用0～9999px的值，或其他数学单位来指定的值。

在实际应用中，往往使用以下类似的应用形式。

```
body {background-color: red}
```

上述形式表示选择符为body，即选择了页面中的<body>标记，属性为background-color，这个属性用于控制对象的背景色，而值为red。页面中的body对象的背景色通过使用这组CSS编码，被定义为红色。

除了单个属性的定义，同样可以为一个标记定义一个甚至更多个属性定义，每个属性之间用分号隔开。

6.2.2 添加CSS的方法

添加CSS有4种方法：链接外部样式表、内部样式表、导入外部样式表和内嵌样式。下面分别进行介绍。

1. 链接外部样式表

链接外部样式表就是在网页中调用已经定义好的样式表来实现样式表的应用，它是一个单独的文件，在页面中用<link>标记链接到这个样式表文件，<link>标记必须放到页面的<head>标记内。这种方法最适合大型网站的CSS样式定义。

```
<head>
…
<link rel=stylesheet type=text/css href=slstyle.css>
…
</head>
```

上面这个例子表示浏览器从slstyle.css文件中以文档格式读出定义的样式表。其中，rel= stylesheet是指在页面中使用外部的样式表，type=text/css是指文件的类型是样式表文件，href= slstyle.css是文件所在的位置。

一个外部样式表文件可以应用于多个页面。当改变这个样式表文件时，所有页面的样式都随着改变。在制作大量相同样式页面的网站时，它非常有用，不仅可以减少重复的工作量，而且有利于以后的修改、编辑，浏览时也可以减少重复下载代码。

2. 内部样式表

内部样式表一般位于HTML文件的头部，即<head>与</head>标记内，并且以<style>开始，以</style>结束，这些定义的样式就可应用到页面中。下面的实例就是使用<style>标记创建的内部样式表。

```
<head>
<style type="text/css">
<!--
body {
    margin-left: 0px;
    margin-top: 0px;
    margin-right: 0px;
    margin-bottom: 0px;
}
.style1 {
    color: #fbe334;
     font-size: 13px;
}
-->
</style>
</head>
```

3. 导入外部样式表

导入外部样式表是指在内部样式表的<style>标记里导入一个外部样式表，导入时用@import。请看下面这个实例。

```
<head>
…
<style type=text/css>
```

```
<!-
@import slstyle.css
其他样式表的声明
-->
</style>
...
</head>
```

此例中@import slstyle.css表示导入slstyle.css样式表，注意使用时导入外部样式表的路径、方法和链接外部样式表的方法类似，但导入外部样式表输入方式更有优势。实质上它相当于存在于内部样式表中。

6.3 设置文本样式

前面HTML中已经介绍了网页中文字的常见标记，下面将使用CSS定义的方法来介绍文字的设置。使用CSS定义的文字样式更加丰富，实用性更强。

6.3.1 课堂案例——设置字体font-family

在HTML中，设置文字的字体属性需要通过<font>标记中的face属性，而在CSS中则使用font-family属性。
语法：

```
font-family: "字体1", "字体2", …
```

说明：如果在font-family属性中定义了多种字体，则浏览器会由前向后选择字体。即当浏览器不支持"字体1"时，则会采用"字体2"；如果不支持"字体1"和"字体2"，则采用"字体3"，依此类推。如果浏览器不支持font-family属性中定义的所有字体，则会采用系统默认的字体。

举例：

```
<!doctype html>
<html>
<head>
<meta http-equiv="content-type" content="text/html; charset=gb2312" />
<title>设置字体</title>
<style type="text/css">
<!--
.h {
    font-family: "宋体";
}
-->
</style>
</head>
<body>
 <span class="h">自古无鱼不成宴。鱼以其无脂肪、多蛋白、味鲜美、易吸收等特点一直被人们所喜爱。其实人
们只知道鱼好吃，对于鱼的营养价值的认识并不全面。科学研究表明：鱼为益智食品，对于儿童的智力发育、中青年人
缓解压力和提神醒脑、老年人的健康长寿等方面有着极大的作用。</span>
</body>
</html>
```

在此段代码中，首先在<head></head>之间，用<style>定义了h标记中的字体font-family为宋体，在浏览器中预览，可以看到段落中的文字以宋体显示，如图6.1所示。

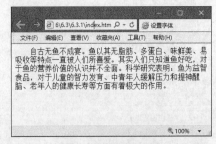

图6.1　设置字体为宋体

6.3.2　课堂案例——设置字号font-size

在HTML中，字体的大小是由<font>标记中的size属性来控制的。在CSS里可以使用font-size属性来自由控制字体的大小。

语法：

```
font-size:大小的取值
```

说明如下。

font-size的取值范围如下。

xx-small：绝对字体尺寸，最小。

x-small：绝对字体尺寸，较小。

small：绝对字体尺寸，小。

medium：绝对字体尺寸，正常默认值。

large：绝对字体尺寸，大。

x-large：绝对字体尺寸，较大。

xx-large：绝对字体尺寸，最大。

larger：相对字体尺寸，相对于父对象中字体尺寸进行相对增大。

smaller：相对字体尺寸，相对于父对象中字体尺寸进行相对减小。

length：可采用百分比或长度值，不可为负值，其百分比取值基于父对象中字体的尺寸。

举例：

```
<!doctype html>
<html>
<head>
<meta http-equiv="content-type" content="text/html; charset=gb2312" />
<title>设置字号</title>
<style type="text/css">
<!--
.h {
    font-family: "宋体";
    font-size: 12px;
}
.h3 {
    font-family: "宋体";
    font-size: 18px;
```

```
    }
    .h2 {
    font-family: "宋体";
    font-size: 16px;
    }
    .h1 {
        font-family: "宋体";
        font-size: 14px;
    }
    .h4 {
        font-family: "宋体";
        font-size: 24px;
    }
    -->
    </style>
    </head>
    <body>
    <p>浮云游子意，落日故人情。</p>
    <p class="h1">浮云游子意，落日故人情。</p>
    <p class="h2">浮云游子意，落日故人情。</p>
    <p class="h3">浮云游子意，落日故人情。</p>
    <p class="h4">浮云游子意，落日故人情。</p>
    </body>
    </html>
```

在此段代码中，首先在<head></head>之间，用样式定义了不同的字号font-size，然后在正文中对文本应用样式。在浏览器中预览，效果如图6.2所示。

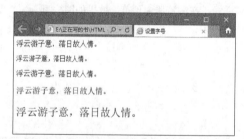

图6.2 设置字号

6.3.3 课堂案例——设置字体风格font-style

字体风格font-style属性用来设置字体是否为斜体。

语法：

```
font-style:样式的取值
```

说明如下。

样式的取值有3种：normal是默认的正常字体；italic以斜体显示文字；oblique属于中间状态，以偏斜体显示。

举例：

```
<!doctype html>
<html>
<head>
```

```
<meta http-equiv="content-type" content="text/html; charset=gb2312" />
<title>设置字号</title>
<style type="text/css">
<!--
.h {
    font-family: "宋体";
    font-size: 16px;
    font-style: italic;
    text-align: center;
}
-->
</style>
</head>
<body>
<p class="h"><strong>春晓</strong></p>
<p class="h">春眠不觉晓，</p>
<p class="h">处处闻啼鸟。</p>
<p class="h">夜来风雨声，</p>
<p class="h">花落知多少。</p>
</body>
</html>
```

在此段代码中，首先在<head></head>之间，用<style>定义了h标记中的字体风格font-style为斜体italic，然后在正文中对文本应用样式。在浏览器中预览，效果如图6.3所示。

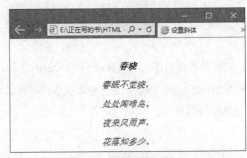

图6.3　字体风格为斜体

6.3.4　课堂案例——设置加粗字体font-weight

在HTML里使用<b>标记设置文字为粗体显示，而在CSS中利用font-weight属性来设置字体的粗细。

语法：

```
font-weight:字体粗细值
```

说明：font-weight的取值范围包括normal、bold、bolder、lighter、number。其中normal表示正常粗细；bold表示粗体；bolder表示特粗体；lighter表示特细体；number不是真正的取值，其范围是100～900，一般情况下都是整百的数字，如200、300等。

举例：

```
<!doctype html>
<html>
<head>
```

```
<meta http-equiv="content-type" content="text/html; charset=gb2312" />
<title>设置加粗字体</title>
<style type="text/css">
<!--
.h {
    font-family: "宋体";
    font-size: 14px;
    font-weight: bold;
    text-align: center;
}
-->
</style>
</head>
<body>
<p class="h">春眠不觉晓, </p>
<p class="h">处处闻啼鸟。</p>
<p class="h">夜来风雨声, </p>
<p class="h">花落知多少。</p>
</body>
</html>
```

在此段代码中，首先在\<head>\</head>之间，用\<style>定义了h标记中的加粗字体font-weight为粗体bold，然后在正文中对文本应用样式。在浏览器中预览，效果如图6.4所示，可以看到正文字体已加粗。

图6.4 设置字体加粗效果

6.3.5 课堂案例——设置小写字母转为大写font-variant

使用font-variant属性可以将小写的英文字母转化为大写。

语法：

```
font-variant:取值
```

说明：在font-variant属性中，可以设置的值只有两个，一个是normal，表示正常显示；另一个是small-caps，它能将小写的英文字母转化为大写字母且字体较小。

举例：

```
<!doctype html>
<html>
<head>
<meta http-equiv="content-type" content="text/html; charset=gb2312" />
<title>小型的大写字母</title>
<style type="text/css">
```

```
<!--
.j {
    font-family: "宋体";
    font-size: 12px;
    font-variant: small-caps;
}
-->
</style>
</head>
<body class="j">
We are experts at translating those needs into marketing solutions that work,look great and
communicate very very well.to your needs and those of your clients.We are experts at translating those
needs into marketing solutions that work,look great and communicate very very well.
</body>
</html>
```

在此段代码中，首先在<head></head>之间，用<style>定义了j标记中的font-variant属性为small-caps，然后在正文中对文本应用样式。在浏览器中预览，效果如图6.5所示，可以看到小写的英文字母已转变为大写。

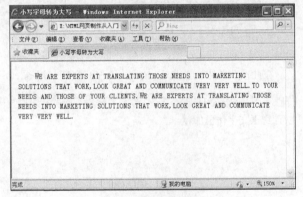

图6.5　小写字母转为大写

6.4　设置段落格式

利用CSS还可以控制段的属性，主要包括单词间隔、字符间隔、文字修饰、垂直对齐方式、文本转换、水平对齐方式、文本缩进和文本行高等。

6.4.1　课堂案例——设置单词间隔word-spacing

使用word-spacing属性可以控制单词之间的间隔距离。

语法：

```
word-spacing:取值
```

说明：word-spacing属性的取值可以使用normal，也可以使用长度值。normal指正常的间隔，是默认选项；长度是设置单词间隔的数值及单位，可以使用负值。

举例：

```
<!doctype html>
<html>
<head>
<meta http-equiv="content-type" content="text/html; charset=gb2312" />
<title>单词间隔</title>
<style type="text/css">
<!--
.df {
    font-family: "宋体";
    font-size: 14px;
    word-spacing: 3px;
}
-->
</style>
</head>
<body>
<span class="df">In a multiuser or network environment, the process by which the system validates
a user's logon information. <br >A user's name and password are compared against an authorized list,
validates a user's logon information.
</span>
</body>
</html>
```

在此段代码中，首先在<head></head>之间，用<style>定义了df标记中的单词间隔word-spacing为3px，然后对正文中的段落文本应用样式。在浏览器中预览，效果如图6.6所示。

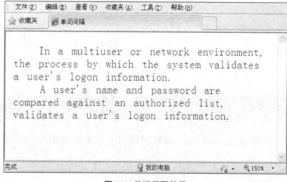

图6.6 单词间隔效果

6.4.2 课堂案例——设置字符间隔letter-spacing

使用letter-spacing属性可以控制字符之间的间隔距离。

语法：

```
letter-spacing:取值
```

举例：

```
<!doctype html>
<html>
<head>
<meta charset="utf-8">
```

```
<title>字符间隔</title>
<style type="text/css">
<!--
.s {
   font-family: "宋体";
   font-size: 14px;
   letter-spacing: 5px;
}
-->
</style>
</head>
<body>
<p class="s">李白乘舟将欲行，忽闻岸上踏歌声。<br>
   桃花潭水深千尺，不及汪伦送我情。
</p>
</body>
</html>
```

在此段代码中，首先在<head></head>之间，用<style>定义了s标记中的字符间隔letter-spacing为5px，然后对正文中的段落文本应用样式。在浏览器中预览，效果如图6.7所示。

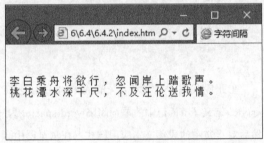

图6.7　字符间隔效果

6.4.3　课堂案例——设置文字修饰text-decoration

使用text-decoration属性可以对文字进行修饰，如设置下画线、删除线等。

语法：

```
text-decoration:取值
```

说明：none表示不修饰，是默认值；underline表示对文字添加下画线；overline表示对文字添加上画线；line-through表示对文字添加删除线；blink表示文字闪烁效果。

举例：

```
<!doctype html>
<html>
<head>
<meta charset="utf-8">
<title>文字修饰</title>
<style type="text/css">
<!--
```

```
.s {
    font-family: "宋体";
    font-size: 18px;
    text-decoration: underline;
}
-->
</style>
</head>
<body>
<span class="s">李白乘舟将欲行，忽闻岸上踏歌声。<br>
桃花潭水深千尺，不及汪伦送我情。 </span>
</body>
</html>
```

在此段代码中，首先在<head></head>之间，用<style>定义了s标记中的文字修饰属性text-decoration为underline，然后对正文中的段落文本应用样式。在浏览器中预览，效果如图6.8所示，可以看到文本添加了下画线。

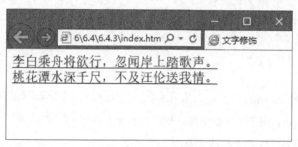

图6.8　文字修饰效果

6.4.4 课堂案例——设置垂直对齐方式vertical-align

使用vertical-align属性可以设置文字的垂直对齐方式。
语法：

```
vertical-align:排列取值
```

说明如下。

vertical-align包括以下取值。

baseline：浏览器默认的垂直对齐方式。

sub：文字的下标。

super：文字的上标。

top：垂直靠上对齐。

text-top：使元素和上级元素的字体向上对齐。

middle：垂直居中对齐。

text-bottom：使元素和上级元素的字体向下对齐。

举例：

```
<!doctype html>
<html>
<head>
<meta http-equiv="content-type" content="text/html; charset=gb2312" />
<title>纵向排列</title>
<style type="text/css">
<!--
.ch {
    vertical-align: super;
    font-family: "宋体";
    font-size: 12px;
}
-->
</style>
</head>
<body>
5<span class="ch">2</span>-2<span class="ch">2</span>=21
</body>
</html>
```

在此段代码中，首先在<head></head>之间，用<style>定义了ch标记中的vertical-align属性为super，表示文字的上标，然后对正文中的文本应用样式。在浏览器中预览，效果如图6.9所示。

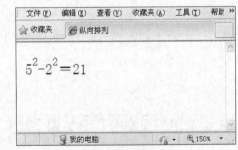

图6.9　纵向排列效果

6.4.5　课堂案例——设置文本转换text-transform

text-transform属性用来转换英文字母的大小写。

语法：

```
text-transform:转换值
```

说明如下。

text-transform包括以下取值。

none：表示使用原始值。

capitalize：表示使每个单词的第一个字母大写。

uppercase：表示使每个单词的所有字母大写。

lowercase：表示使每个单词的所有字母小写。

举例：

```
<!doctype html>
```

```
<html>
<head>
<meta http-equiv="content-typeC content="text/html; charset=gb2312" />
<title>文本转换</title>
<style type="text/css">
<!--
.zh {
    font-size: 14px;
    text-transform: capitalize;
}
.zh1 {
    font-size: 14px;
    text-transform: uppercase;
}
.zh2 {
    font-size: 14px;
    text-transform: lowercase;
}
.zh3 {
    font-size: 14px;
    text-transform: none;
}
-->
</style>
</head>
<body>
<p>下面是一句话设置不同的转化值效果：</p>
<p class="zh">happy new year! </p>
<p class="zh1">happy new year! </p>
<p class="zh2">happy new year! </p>
<p class="zh3">happy new year! </p>
</body>
</html>
```

在此段代码中，首先在<head></head>之间，定义了zh、zh1、zh2、zh3四个样式，text-transform属性分别为capitalize（第一个字母大写）、uppercase（所有字母大写）、lowercase（所有字母小写）、none（原始值）。在浏览器中预览，效果如图6.10所示。

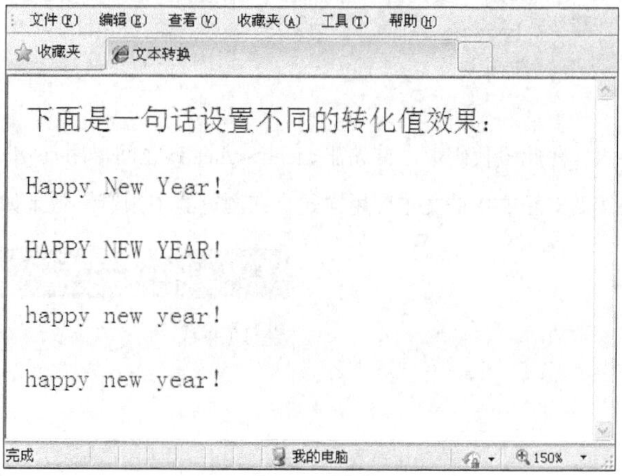

图6.10　文本转换效果

6.4.6 课堂案例——设置水平对齐方式text-align

使用text-align属性可以设置文本的水平对齐方式。

语法:

```
text-align:排列值
```

说明如下。

水平对齐方式取值包括left、right、center和justify4种。

left: 左对齐。

right: 右对齐。

center: 居中对齐。

justify: 两端对齐。

举例:

```
<!doctype html>
<html>
<head>
<meta http-equiv="content-type" content="text/html; charset=gb2312" />
<title>文本排列</title>
<style type="text/css">
<!--
.k {
    font-family: "宋体";
    font-size: 18pt;
    text-align: right;
}
-->
</style>
</head>
<body class="k">
慈母手中线，游子身上衣。 临行密密缝，意恐迟迟归。 谁言寸草心，报得三春晖。
</body>
</html>
```

在此段代码中，首先在<head></head>之间，用<style>定义了k标记中的text-align属性为right，表示文字右对齐，然后对正文中的文本应用样式。在浏览器中预览，效果如图6.11所示，可以看到文本右对齐排列。

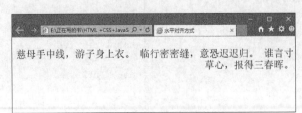

图6.11　水平右对齐效果

6.4.7 课堂案例——设置文本缩进text-indent

在HTML中只能控制段落的整体向右缩进，如果不进行设置，浏览器则默认为不缩进，而在CSS中可以控制段落的首行缩进以及缩进的距离。

语法：

```
text-indent:缩进值
```

说明如下。

文本的缩进值必须是一个长度值或一个百分比。

举例：

```
<!doctype html>
<html>
<head>
<meta http-equiv="content-type"content="text/html; charset=gb2312" />
<title>文本缩进</title>
<style type="text/css">
<!--
.k {
font-family: "宋体";
  font-size: 12pt;
  text-indent: 25px;
}
-->
</style>
</head>
<body>
<p class="k">沛公军霸上，未得与项羽相见。沛公左司马曹无伤使人言于项羽曰："沛公欲王关中，使子婴为相，珍宝尽有之。"项羽大怒曰："旦日飨士卒，为击破沛公军！"当是时，项羽兵四十万，在新丰鸿门；沛公兵十万，在霸上。</p>
</body>
</html>
```

在此段代码中，首先在<head></head>之间，用<style>定义了k标记中的text-indent属性为25px，表示缩进25个像素，然后对正文中的段落文本应用样式。在浏览器中预览，效果如图6.12所示。

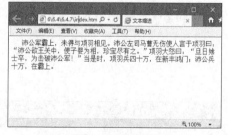

图6.12　文本缩进效果

6.4.8 课堂案例——设置文本行高line-height

使用line-height属性可以控制段落中行与行之间的距离。

语法：

```
line-height:行高值
```

说明：行高值可以为长度、倍数或百分比。

举例：

```
<!doctype html>
<html>
<head>
<meta http-equiv="content-type" content="text/html; charset=gb2312" />
<title>文本行高</title>
<style type="text/css">
<!--
.k {
font-family: "宋体";
font-size: 12pt;
line-height: 30px;
}
-->
</style>
</head>
<body>
<span class="k">沛公军霸上，未得与项羽相见。沛公左司马曹无伤使人言于项羽曰："沛公欲王关中，使子婴
为相，珍宝尽有之。"项羽大怒曰："旦日飨士卒，为击破沛公军！"当是时，项羽兵四十万，在新丰鸿门；沛公兵
十万，在霸上。</span>
</body>
</html>
```

在此段代码中，首先在<head></head>之间，用<style>定义了k标记中的line-height属性为30px，表示行高为30像素，然后对正文中的段落文本应用样式。在浏览器中预览，效果如图6.13所示，可以看到行间距比默认的间距增大了。

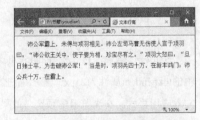

图6.13　文本行高效果

6.4.9 课堂案例——设置处理空白white-space

white-space属性用于设置对页面内空白的处理方式。

语法：

```
white-space:值
```

说明：white-space包括3个值，其中normal是默认值，即将连续的多个空格合并；pre会导致源代码中的空格和换

行符被保留，但这一选项只有在Internet Explorer 6浏览器中才能正确显示；nowrap强制在同一行内显示所有文本，直到文本结束或者遇到
标记。

举例：

```
<!doctype html>
<html>
<head>
<meta http-equiv="content-type" content="text/html; charset=gb2312" />
<title>处理空白</title>
<style type="text/css">
<!--
.k {
  font-family: "宋体";
  font-size: 12pt;
  white-space:normal;
}
.j {
  font-family: "宋体";
  font-size: 12pt;
  white-space:nowrap;
}
-->
</style>
</head>


<body>
<span class="k">鸿门宴<br></span>
<span class="j">沛公军霸上，未得与项羽相见。沛公左司马曹无伤使人言于项羽曰："沛公欲王关中，使子婴
为相，珍宝尽有之。"项羽大怒曰："旦日飨士卒，为击破沛公军！"当是时，项羽兵四十万，在新丰鸿门；沛公兵
十万，在霸上。</span>
</body>
</html>
```

在此段代码中，首先在<head></head>之间，用<style>定义了k标记中的white-space属性为normal，定义了j标记中的white-space属性为nowrap，然后对正文中的段落文本分别应用k和j样式，用来处理空白。在浏览器中预览，效果如图6.14所示。

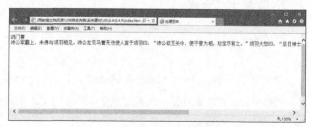

图6.14　处理空白效果

6.4.10　文本反排：unicode-bidi、direction

unicode-bidi属性与direction属性经常一起使用，用来设置对象的阅读顺序。

1. unicode-bidi属性

语法：

```
unicode-bidi:值
```

说明：在unicode-bidi属性的值中，bidi-override表示严格按照direction属性的值重排序；normal表示为默认值；embed表示对象打开附加的嵌入层，direction属性的值指定嵌入层，在对象内部进行隐式重排序。

2. direction属性

语法：

```
direction:值
```

说明：在direction属性的值中，ltr表示从左到右的顺序阅读，rtl表示从右到左的顺序阅读，inherit表示文本流的值不可继承。

举例：

```
<!doctype html>
<html>
<head>
<meta http-equiv="content-type" content="text/html; charset=gb2312" />
<title>文本反排</title>
<style type="text/css">
<!--
.k {
font-family: "宋体";
font-size: 12pt;
line-height: 30px;
direction:rtl;
unicode-bidi:bidi-override
}
-->
</style>
</head>
<body>
<span class="k">沛公军霸上，未得与项羽相见。沛公左司马曹无伤使人言于项羽曰："沛公欲王关中，使子婴为相，珍宝尽有之。"项羽大怒曰："旦日飨士卒，为击破沛公军！"当是时，项羽兵四十万，在新丰鸿门；沛公兵十万，在霸上。</span>
</body>
</html>
```

在此段代码中，首先在<head></head>之间，用<style>定义了k标记中的direction属性为rtl，对文本反排，然后对正文中的段落文本应用样式。在浏览器中预览，效果如图6.15所示。

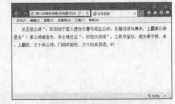

图6.15　文本反排效果

6.5　课堂练习——用CSS排版网页文字

文本的控制与布局在网页设计中占了很大比例，文本与段落也可以说是网页中最重要的组成部分。前面对CSS设置文字的各种效果进行了详细的介绍，下面通过实例讲述利用CSS排版网页文字。

01 启动Dreamweaver，打开网页文档，如图6.16所示。
02 切换到拆分视图，在文字的前面输入如下代码，设置文字的字体、大小、颜色，如图6.17所示。

```
<font color="#996600" face="新宋体" size="3">
```

图6.16　打开网页文档　　　　　　　　　　图6.17　输入代码

03 在拆分视图中，在文字的最后面输入</font>，如图6.18所示。
04 在拆分视图中，在第二段文字"1.网站导航要清晰"的前面输入如下代码，设置文本的段落为左对齐，如图6.19所示。

```
<p align="left">
```

图6.18　输入代码　　　　　　　　　　图6.19　输入代码

05 在拆分视图中，在文字"2.网站风格要统一"前面输入如下的代码，设置文本的段落为左对齐，如图6.20所示。

```
<p align="left">
```

06 在拆分视图中，在文字"3.页面容量要较小"的前面输入如下代码，设置文字换行，如图6.21所示。

```
<br>
<br>
```

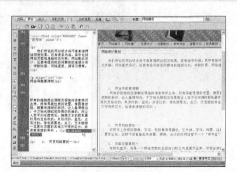

图6.20　输入代码　　　　　　　　　　图6.21　设置文字换行

07 将光标置于文字下边，在代码视图中输入如下代码以插入水平线，如图6.22所示。

```
<hr size="3" width="550" align="center" color="#CC3300">
```

08 保存网页，在浏览器中预览，效果如图6.23所示。

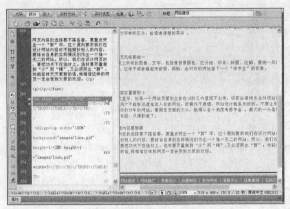

图6.22　输入代码以插入水平线

图6.23　预览网页

6.6 本章小结

　　文字是人类语言最基本的表达方式，文本的控制与布局在网页设计中占了很大比例，文本与段落也可以说是最重要的组成部分。在网页中添加文字并不困难，可主要问题是如何编排这些文字以及控制这些文字的显示方式，从而让文字看上去编排有序、整齐美观。本章主要讲述了如何设置文字格式、设置段落格式。读者通过本章的学习，应该对网页中文字格式和段落格式的应用有一个深刻的了解。

6.7 课后习题

1. 填空题

　　（1）CSS的语法结构仅由3部分组成：_____、_____、_____。

　　（2）添加CSS有4种方法：_____、_____、_____、_____。

　　（3）_____一般位于HTML文件的头部，即<head>与</head>标记内，并且以<style>开始，以</style>结束，这些定义的样式就可应用到页面中。

　　（4）在HTML中，设置文字的字体属性需要通过<font>标记中的face属性，而在CSS中则使用_____属性。

2. 操作题

　　使用CSS设置文本字体为黑体，行高为30px，文字大小为12px，如图6.24所示。

图6.24　使用CSS设计特效文字样式

第**7**章

设计图像和背景样式

　　图像是网页中最重要的元素之一，图像不但能美化网页，而且与文本相比能够更直观地说明问题。美观的网页是图文并茂的，一幅幅图像和一个个漂亮的按钮，不但使网页更加美观、生动，而且使网页中的内容更加丰富。可见，图像在网页中的作用是非常重要的。本章主要介绍使用CSS设置图像和背景图片的方法。

────────────────── 学习目标 ──────────────────

● 掌握颜色及背景属性的设置　　　　　●掌握滤镜属性的设置

7.1 设置网页的背景

下面介绍如何设置网页的背景，包括背景颜色和背景图像。

7.1.1 课堂案例——使用background-color设置背景颜色

在HTML中，利用<body>标记中的bgcolor属性可以设置网页的背景颜色，而在CSS中使用background-color属性不但可以设置网页的背景颜色，还可以设置文字的背景颜色。background-color属性可以为元素设置一种纯色。这种颜色会填充元素的内容、内边距和边框区域，扩展到元素边框的外边界（但不包括外边界）。

语法：

```
background-color:颜色取值
```

说明如下。

颜色的取值范围如下。

color_name：规定颜色值为颜色名称的背景颜色，如 red。

hex_number：规定颜色值为十六进制值的背景颜色，如 #ff0000。

rgb_number：规定颜色值为rgb代码的背景颜色，如rgb(255,0,0)。

transparent：默认值，此时背景颜色为透明。

inherit：规定应该从父元素继承 background-color属性的设置。

举例：

```
<!doctype html>
<html>
<head>
<meta charset="utf-8">
<title>背景颜色</title>
<style type="text/css">
body{background-color: red}
h1 {background-color: #00f000}
h2 {background-color: transparent}
p {background-color: rgb(220,0,220)}
p.no2 {background-color: gray; padding:
30px;}
</style>
</head>
<body>
<h1>标题 1背景颜色设置为绿色</h1>
<h2>标题 2背景颜色设置为透明transparent</h2>
<p>段落背景颜色设置为粉色</p>
<p class="no2">设置了内边距的段落背景设置为灰
色gray。</p>
</body>
</html>
```

在此段代码中，首先在<head></head>之间，用<style>分别定义了整个网页的背景颜色、标题1的背景颜色、标题2背景为透明、段落背景为粉色、内边距的段落背景为灰色。在浏览器中浏览，效果如图7.1所示。

图7.1 设置文本和整个网页的背景颜色

7.1.2 课堂案例——使用background-image设置背景图像

使用background-image属性可以设置元素的背景图像。元素的背景是元素的总大小，包括填充和边界。

语法：

```
background-image:url（图像地址）
```

说明：图像地址可以是绝对地址，也可以是相对地址。默认情况下，背景图像放置在元素的左上角，并在垂直和水平方向重复放置。

举例：

```
<!doctype html>
<html>
<head>
<meta charset="utf-8">
<title>背景图像</title>
<style type="text/css">
<!--
.l {font-family: "宋体";
    font-size: 16px;
    background-image: url(images/ber_12.jpg);
    text-align: center;}
-->
</style>
</head>
<body class="l">
<p><strong>陋室 刘禹锡</strong></p>
<p> </p>
<p>山不在高，有仙则名。</p>
<p>水不在深，有龙则灵。</p>
<p>斯是陋室，惟吾德馨。</p>
<p>苔痕上阶绿，草色入帘青。</p>
<p>谈笑有鸿儒，往来无白丁。</p>
<p>可以调素琴，阅金经。</p>
<p>无丝竹之乱耳，无案牍之劳形。</p>
<p>南阳诸葛庐，西蜀子云亭。</p>
<p>孔子云："何陋之有?"</p>
</body>
</html>
```

在此段代码中，首先在\<head>\</head>之间，用\<style>定义了1标记中的background-image属性为url(images/ber_12.jpg)，然后对正文应用样式。在浏览器中浏览，效果如图7.2所示。

图7.2 背景图像效果

7.2 设置背景图像样式

利用CSS可以精确地控制背景图像的各项设置，还可以决定是否铺平及如何铺平背景图像，背景图像应该滚动还是保持固定，以及将其放在什么位置。

7.2.1 课堂案例——使用background-repeat设置背景平铺

使用background-repeat属性可以设置背景图像是否平铺,并且可以设置如何平铺。

语法:

```
background-repeat:取值
```

说明:

background-repeat的属性值如表7-1所示。

表7-1 background-repeat的属性值

属性值	描述
no-repeat	背景图像不平铺
repeat	背景图像平铺排满整个网页
repeat-x	背景图像只在水平方向上平铺
repeat-y	背景图像只在垂直方向上平铺

举例:

```
<!doctype html>
<html>
<head>
<meta charset="utf-8">
<title>设置背景不平铺</title>
<style type="text/css">
<!--
.l {
    font-family: "宋体";
    font-size: 16px;
    background-image: url(images/ber_12.jpg);
    background-repeat: no-repeat;
    text-align: center;
}
-->
</style>
</head>

<body class="l">
<p><strong>陋室 刘禹锡</strong></p>
<p> </p>
<p>山不在高,有仙则名。</p>
<p>水不在深,有龙则灵。</p>
<p>斯是陋室,惟吾德馨。</p>
<p>苔痕上阶绿,草色入帘青。</p>
<p>谈笑有鸿儒,往来无白丁。</p>
<p>可以调素琴,阅金经。</p>
<p>无丝竹之乱耳,无案牍之劳形。</p>
<p>南阳诸葛庐,西蜀子云亭。</p>
<p>孔子云:"何陋之有?"</p>
```

```
</body>
</html>
```

在此段代码中，首先在<head></head>之间，用 <style>定义了1标记中的background-image属性为url(images/ber_12.jpg)，background-repeat属性为no-repeat，然后对正文应用样式。在浏览器中浏览，效果如图7.3所示。

图7.3 设置背景图像不平铺

将background-repeat属性设置为横向平铺repeat-x和纵向平铺repeat-y，效果分别如图7.4和图7.5所示。

图7.5 设置背景图像纵向平铺

图7.4 设置背景图像横向平铺

7.2.2 课堂案例——使用background-attachment设置固定背景

使用background-attachment属性可以设置背景图像是否固定或者随着页面的其余部分滚动。

语法：

```
background-attachment: scroll/fixed
```

说明：scroll表示背景图像随页面其余部分的滚动而滚动，是默认选项；fixed表示背景图像固定在页面上不动，只有其他的内容随滚动条滚动。

举例：

```
<!doctype html>
<html>
<head>
<meta http-equiv="content-type" content="text/html; charset=gb2312" />
<title>背景附件</title>
<style type="text/css">
<!--
.g {
font-family: 宋体;
font-size: 12px;
```

```
background-attachment: fixed;
background-image: url(images/bg_down.jpg);
background-repeat: no-repeat;
}
-->
</style>
</head>
<body class="g">
<p>对酒当歌，人生几何！<br>譬如朝露，去日苦多。<br>
  慨当以慷，忧思难忘。<br>何以解忧？唯有杜康。<br>
  青青子衿，悠悠我心。<br>但为君故，沉吟至今。<br>
  呦呦鹿鸣，食野之苹。<br>我有嘉宾，鼓瑟吹笙。<br>
  明明如月，何时可掇？<br>忧从中来，不可断绝。<br>
  越陌度阡，枉用相存。<br>契阔谈䜩，心念旧恩。<br>
  月明星稀，乌鹊南飞。<br>绕树三匝，何枝可依？<br>
  山不厌高，海不厌深。<br>周公吐哺，天下归心。</p>
</body>
</html>
```

在代码中加粗的部分用来设置背景，将背景设置为固定，在浏览器中浏览，效果如图7.6所示。拖曳滚动条，让页面中的文字向上滚动，发现只有文字上滚，而背景图像依然在页面的左上端，如图7.7所示。

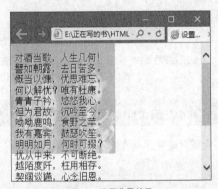 

图7.6　设置背景效果　　　　图7.7　拖曳滚动条效果

7.2.3　课堂案例——使用background-position设置背景位置

background-position属性用于设置背景图像的位置，这个属性只能应用于块级元素和替换元素。替换元素包括img、input、textarea、select和object。

语法：

```
background-position:位置取值
```

说明：语法中的取值包括两种，一种是采用数字，另一种是关键字描述，如表7-2至表7-4所示。

表7-2 background-position属性的长度设置值

设 置 值	说 明
X（数值）	设置网页的横向位置，其单位可以是所有尺度单位
Y（数值）	设置网页的纵向位置，其单位可以是所有尺度单位

表7-3 background-position属性的百分比设置值

设 置 值	说 明
0% 0%	左上位置
50% 0%	靠上居中位置
100% 0%	右上位置
0% 50%	靠左居中位置
50% 50%	正中位置
100% 50%	靠右居中对齐
0% 100%	左下位置
50% 100%	靠下居中对齐
100% 100%	右下位置

表7-4 background-position属性的关键字设置值

设 置 值	说 明
Top left	左上位置
Top center	靠上居中位置
Top right	右上位置
Left center	靠左居中位置
Center center	正中位置
Right center	靠右居中对齐
Bottom left	左下位置
Bottom center	靠下居中对齐
Bottom right	右下位置

举例：

```
<!doctype html>
<html>
<head>
<meta http-equiv="content-type" content="text/html; charset=gb2312" />
<title>背景位置</title>
<style type="text/css">
<!--
.g {
font-family:宋体;
font-size: 12px;
background-attachment: fixed;
background-image: url(images/gj.gif);
background-position: left top;
background-repeat: no-repeat;
}
-->
</style>
```

```
</head>
<body class="g">
少男少女的暗恋礼品，心手相携柔情脉脉的恋人礼品，相濡以沫白头偕老的爱侣礼品…… <br />
情侣戒指、情侣表、情侣香水、情侣饰品、情侣工艺品、情侣家居生活用品等十几个系列，上万种新品，款款时尚
典雅，件件精美诱人！
</body>
</html>
```

在此段代码中，首先在<head></head>之间，
用<style>定义了g标记中的background-image属性为
url(images/gj.gif)，background-position属性为left top，然
后对正文应用样式。在浏览器中浏览，效果如图7.8所
示。

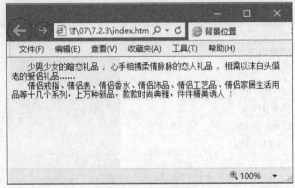

图7.8　设置背景位置

7.3 应用CSS滤镜设计图像特效

CSS中的滤镜与Photoshop中的滤镜相似，它可以用很简单的方法对网页中的对象进行特效处理。使用滤镜属性可
以把一些特殊效果添加到网页元素中，使页面更加美观。

7.3.1 不透明度alpha

opacity属性可以设置元素的不透明级别，以达到使图片透明的目的。
语法：

```
opacity: value|inherit;
```

说明：数值规定不透明度。从0（完全透明）到1.0（完全不透明）。

IE8 以及更早的版本支持替代的filter的alpha属性，用于设置对象内容的透明度，使图片产生透明渐变效果，如表
7-5所示。

```
filter:alpha（参数1＝参数值，参数2＝参数值，…）
```

表7-5　alpha属性的参数

参　数	含　义
opacity	开始时的透明度，取值范围为0～100，默认值为0，即完全透明，100为完全不透明
finishopacity	结束时的透明度，取值范围为0～100
style	设置渐变的样式，其中0表示无渐变，1为直线渐变，2为圆形渐变，3为矩形渐变
startx	设置透明渐变开始点的水平坐标。其数值作为对象宽度的百分比处理，默认值为0
starty	设置透明渐变开始点的垂直坐标
finishx	设置透明渐变结束点的水平坐标
finishy	设置透明渐变结束点的垂直坐标

举例：

```
<!doctype html>
<html>
<head>
<meta http-equiv="Content-Type" content="text/html; charset=gb2312" />
<title>不透明度</title>
<style type="text/css">
<!--
.g {
    opacity:1;
    filter: Alpha(Opacity=100);   /* IE8 以及更早的浏览器 */
}
.g1 {
    opacity:0.7;
    filter: Alpha(Opacity=70);  /* IE8 以及更早的浏览器 */
}
.g2 {
    opacity:0.6;
    filter: Alpha(Opacity=60);  /* IE8 以及更早的浏览器 */
}
.g3 {
    opacity:0.25;
    filter: Alpha(Opacity=35);   /* IE8 以及更早的浏览器 */
}
-->
</style>
</head>
<body>
<table width="400" border="0" align="center" cellpadding="6" cellspacing="0">
    <tr>
        <td align="center">原图（不透明度为100）</td>
        <td align="center">不透明度为70</td>
    </tr>
    <tr>
        <td><img src="images/Snap3.gif" width="200" height="118" class="g" /></td>
        <td><img src="images/Snap3.gif" width="200" height="118" class="g1" /></td>
    </tr>
    <tr>
        <td align="center">不透明度为60</td>
        <td align="center">不透明度为35</td>
    </tr>
    <tr>
        <td><img src="images/Snap3.gif" width="200" height="118" class="g2" /></td>
        <td><img src="images/Snap3.gif" width="200" height="118" class="g3" /></td>
    </tr>
</table>
</body>
</html>
```

在代码中加粗的部分用来设置不透明度，图片1将不透明度设置为100，图片2将不透明度设置为70，图片3将不透明度设置为60，图片4将不透明度设置为35。在浏览器中浏览，效果如图7.9所示。

图7.9　不透明度效果

7.3.2　动感模糊blur

blur属性用于设置对象的动态模糊效果。可以通过filter: blur()实现动态模糊效果，类似Photoshop的高斯模糊，图片和背景都可以使用。

语法：

```
filter:blur（值）
```

说明：值越大越模糊，默认是0，即不模糊。

举例：

```
<!doctype html>
<html>
<head>
<meta charset="utf-8">
<title>动感模糊</title>
<style type="text/css">
<!--
.g {
    filter: blur(1px);
}
.g1 {
    filter:blur(2px);
}
-->
</style>
</head>

<body>
<table width="400" border="1" align="center" cellpadding="6" cellspacing="0">
  <tr>
    <td align="center">原图</td>
    <td align="center">blur(1px)效果</td>
    <td align="center">blur(2px)效果</td>
  </tr>
```

```
  <tr>
    <td><img src="images/Snap3.gif" width="300" height="208"  alt=""/></td>
    <td><img src="images/Snap3.gif"  class="g"/></td>
    <td><img src="images/Snap3.gif"  class="g1"/></td>
  </tr>
</table>
</body>
</html>
```

在代码中加粗的部分用来设置动感模糊样式，在浏览器中浏览，效果如图7.10所示。

图7.10　动感模糊效果

7.3.3 阴影效果dropShadow

dropShadow属性用于设置阴影效果。filter:drop-shadow属性是从SVG那里借来的，尽管CSS滤镜基本上就是SVG滤镜，但我们并不需要掌握任何SVG知识，就可以对此属性加以利用。

语法：

```
filter: drop-shadow（x,y,blur,color）
```

说明：x和y分别设置阴影相对于原始图像移动的水平距离和垂直距离。

blur属性设置模糊大小。

color属性控制阴影的颜色。

举例：

```
<!doctype html>
<html>
<head>
<meta charset="utf-8">
<title>设置阴影</title>
<style>
.y {
    filter: drop-shadow(10px 10px 15px green);
}
</style>
</head>

<body>
<p> </p>
<table border="0" align="center" cellpadding="0" cellspacing="0" class="y">
```

```
  <tr>
  <td align="center" class="y"><img src="images/zp.jpg"  alt=""/></td>
  </tr>
</table>
</body>
</html>
```

在代码中加粗的部分用来设置阴影，在浏览器中浏览，效果如图7.11所示。

图7.11　设置阴影效果

7.3.4　灰度处理gray

gray属性用于把彩色图片中的色彩去掉，转换为黑白图片。

语法：

```
filter: grayscale(%)
```

说明：该属性将图像转换为灰度图像。值定义转换的比例，值为100%时，图像完全转换为灰度图像；值为0%时，图像无变化。值应在0%和100%之间，若未设置，值默认是0%。

举例：

```
<!doctype html>
<html>
<head>
<meta charset="utf-8">
<title>灰度处理</title>
<style type="text/css">
<!--
.p {
    -webkit-filter: grayscale(100%);
   -moz-filter: grayscale(100%);
   -ms-filter: grayscale(100%);
   -o-filter: grayscale(100%);
   filter: grayscale(100%),
    filter: gray;


}
-->
```

```
</style>
</head>
<body>
<table width="324" height="194" border="0" align="center" cellpadding="0"
 cellspacing="0">
  <tr>
    <td align="center" >原图</td>
    <td align="center" >灰度处理效果</td>
  </tr>
  <tr>
    <td width="150" height="179" ><img src="images/011.gif" /></td>
    <td width="150" ><img src="images/011.gif" class="p" /></td>
  </tr>
</table>
</body>
</html>
```

在代码中filter: grayscale(100%)用来设置灰度处理，在浏览器中浏览，效果如图7.12所示。

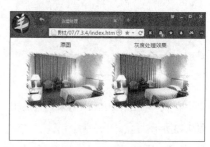

图7.12　灰度处理效果

7.3.5 反相invert

invert属性用于设置对象反相，可以将图片的颜色、饱和度以及亮度完全反转过来。

语法：

```
filter: invert(%)
```

说明：值定义转换的比例。值为100%时，图像完全反转，值为0%时，图像无变化。值应在0%和100%之间，若值未设置，值默认是0%。

举例：

```
<!doctype html>
<html>
<head>
<meta charset="utf-8">
<title>反相</title>
<style type="text/css">
<!--
.p {
    -webkit-filter:invert(100%);
    -moz-filter:invert(100%);
    -ms-filter:invert(100%);
```

```
    -o-filter: invert(100%);
    filter: invert(100%);
        }
-->
</style>
</head>

<body>
<table width="340" height="199" border="1" align="center" cellpadding="0"
 cellspacing="0">
  <tr>
    <td align="center">原图</td>
    <td align="center">Invert效果</td>
  </tr>
  <tr>
    <td width="150" height="184"><img src="images/011.gif" ></td>
    <td width="150"><img src="images/011.gif" class="p"/></td>
  </tr>
</table>
</body>
</html>
```

在代码中filter: invert用来设置反相，在浏览器中浏览，效果如图7.13所示。

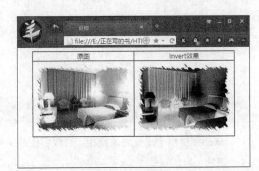

图7.13　反相效果

7.4　课堂练习

前面几节讲解了图像和背景的设置，下面通过一些实例来具体讲述操作步骤，达到学以致用的目的。

7.4.1　课堂练习1——文字与图片上下垂直居中

一般情况下文字与图片并排时，图片后面跟着的是文字段，虽然图片与文字在同行，但是文字未上下垂直居中。图7.14中，明显图片垂直居上，文字垂直居下。

图7.14　文字与图片不能上下垂直居中

怎样才能让文字与图片上下垂直居中呢？具体步骤如下。

01 原网页的代码如下。这里设置此网页\<body>标记内文字的CSS样式，然后再引入图片及在图片后跟几个测试文字。

```
<!doctype html>
<html>
<head>
<meta charset="utf-8">
<title>文字与图片上下垂直居中</title>
<style type="text/css">
body{ font-size:25px;}
</style>
</head>
<body>
<img src="index.jpg"
alt="文字与图片上下垂直居中" width="610" height="536" />文字与图片上下垂直居中
</body>
</html>
```

02 若想使文字和图片同排同行时上下垂直居中，只需要在CSS样式中，加入如下所示的CSS代码，图片与文字即可上下垂直居中对齐。

```
img{ vertical-align:middle;}
```

7.4.2 课堂练习2——CSS实现背景半透明效果

如何用CSS实现背景半透明效果？一般的做法是用两个层，一个用于放文字，另一个用于做透明背景，具体制作步骤如下。

01 输入基本的HTML框架结构代码，如下所示。

```
<div class="alpha1">
<div class="ap2">
<p>背景为红色(#FF0000)，透明度40%。</p>
</div>
</div>
```

02 定义CSS代码，如下所示。这样基本就可以实现了，也不用担心定位和自适应问题，效果如图7.15所示。

```
<style type="text/css">
.alpha1{
width:500px;
height:350px;
background-color:#FF0000;
opacity:0.4;
}
.ap2{
position:relative;
}
</style>
```

图7.15 背景半透明效果

03 假如要兼容FF、OP，这该怎么写呢？首先，上面所述方法是不行的，那就只能用两个层重叠的方法。修改页面结构与CSS样式，页面结构如下所示。

```
<div class="alpha1">
<div class="ap2">
<p>背景为红色(#FF0000)，透明度30%。</p>
</div>
<!--[if IE]><![if !IE]><![endif]-->
<div class="alpha2"></div>
<!--[if IE]><![endif]><![endif]-->
</div>
```

04 CSS样式代码改为如下所示。

```
<style type="text/css">
.alpha1,.alpha2{
width:100%;
height:auto;
min-height:450px;/* 必须 */
_height:450px;/* 必须 */
overflow:hidden;
background-color:#FF0000;/* 背景色 */
}
.alpha1{
filter:alpha(opacity=30); /* IE 透明度30% */
}
.alpha2{
background-color:#FFFFFF;
-moz-opacity:0.7; /* Moz FF 透明度30%*/
opacity: 0.7; /* 支持CSS3的浏览器（FF 1.5也支持）透明度30%*/
}
.ap2{
position:absolute;
}
</style>
```

05 在其他浏览器中浏览，效果如图7.16所示。

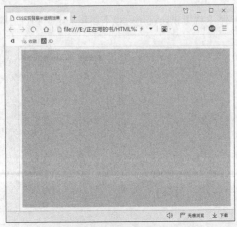

图7.16　背景半透明效果

7.5 本章小结

在本章中介绍了设置图像和背景样式的一些方法。可以看到，使用CSS对图像进行设置，无论是背景图片、背景颜色，还是与旁边文字的对齐方式等，都可以做到非常精确、灵活地设置，这些都是使用HTML中<img>标记的属性所无法实现的。

7.6 课后习题

1. 填空题

（1）在HTML中，利用<body>标记中的_____属性可以设置网页的背景颜色，而在CSS中使用_____属性不但可以设置网页的背景颜色，还可以设置文字的背景颜色。

（2）使用_____属性可以设置背景图像是否固定或者随着页面的其余部分滚动。

（3）使用CSS来设置背景图片同传统的做法一样简单，但相对于传统控制方式，CSS提供了更多的可控选项，图片的平铺方式，共有4种平铺选项，分别是_____、_____、_____和_____。

（4）背景位置属性_____用于设置背景图像的位置，这个属性只能应用于块级元素和替换元素。

2. 操作题

使用CSS定义网页背景颜色，如图7.17所示。

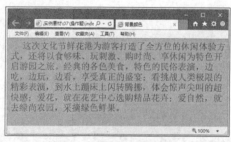

图7.17　CSS定义网页背景颜色

第**8**章

使用CSS设计表单和表格样式

表单是网页的重要组成部分，它是网站与用户进行交互的窗口。然而，表单中固定的说明文字、输入框、提交按钮等元素使得表单设计略显乏味，难有创新，这一点不少网页设计师深有体会。但是，好的网页设计师可以利用 CSS 样式让表单设计令人耳目一新。随着应用CSS网页布局构建网页，以及Web标准的广泛普及与发展，表格渐渐被人们遗忘，但是表格还是有它优秀的一面，用表格处理数据的确可以省不少麻烦！在制作网页时，使用表格可以更清晰的排列数据。

―――――――――――――― 学习目标 ――――――――――――――

● 掌握表单form
● 掌握菜单和列表

● 掌握插入表单对象

8.1 表单form

在网页中<form></form>标记对用来创建一个表单，即定义表单的开始和结束位置，在标记对之间的一切都是属于表单的内容。在表单的<form>标记中，可以设置表单的基本属性，包括表单的名称、处理程序和传送方法等。

8.1.1 程序提交action

action 属性用于指定表单数据提交到哪个地址进行处理。

语法：

```
<form action="表单的处理程序">
...
</form>
```

说明：表单的处理程序是表单要提交的地址，也就是将表单中收集到的资料传递到的程序地址。这一地址可以是绝对地址，也可以是相对地址，还可以是一些其他形式的地址。

举例：

```
<!doctype html>
<html>
<head>
<meta charset="utf-8">
<title>程序提交</title>
</head>
<body>
在线订购提交表单
<form action="mailto:ju*****an@163.com">
</form>
</body>
</html>
```

在代码中加粗的部分为程序提交。

8.1.2 表单名称name

name 属性用于给表单命名，这一属性不是表单的必要属性，而是为了防止表单提交到后台处理程序时出现混乱，一般需要给表单命名。

语法：

```
<form name="表单名称">
...
</form>
```

说明：表单名称中不能包含特殊字符和空格。

举例：

```
<!doctype html>
<html>
<head>
<meta charset="utf-8">
<title>表单名称</title>
</head>
<body>
在线订购提交表单
<form action="mailto:juan*****uan@163.com" name="form1">
</form>
</body>
</html>
```

在代码中加粗的部分为表单名称。name="form1"是将表单命名为form1。

8.1.3 传送方法method

表单的method属性用于指定在数据提交到服务器的时候使用哪种HTTP提交方法，可取值为get或post。

语法：

```
<form method="传送方法">
...
</form>
```

说明：传送方法的值只有两种，即get和post。

举例：

```
<!doctype html>
<html>
<head>
<meta charset="utf-8">
<title>传送方法</title>
</head>
<body>
在线订购提交表单
<form action="mailto:ji*****@163.com" method="post" name="form1">
</form>
</body>
</html>
```

在代码中加粗的部分为传送方法。

8.1.4 编码方式enctype

表单中的enctype属性用于设置表单信息提交的编码方式。

语法：

```
<form enctype="编码方式">
...
</form>
```

说明：enctype属性为表单定义了信息提交的编码方式。

举例：

```
<!doctype html>
<html>
<head>
<meta charset="utf-8">
<title>编码方式</title>
</head>
<body>
在线订购提交表
<form action="mailto:jiud********ian@163.com" method="post"
enctype="application/x-www-form-urlencoded" name="form1">
</form>
</body>
</html>
```

在代码中加粗的部分为编码方式。

 提示

enctype属性默认时是application/x-www-form-urlencoded，这是所有网页的表单所使用的可接受的类型。

8.1.5 目标显示方式target

target 属性用来指定目标窗口的打开方式，表单的目标窗口往往用来显示表单的返回信息。

语法：

```
<form target="目标窗口的打开方式">
...
</form>
```

说明如下。

目标窗口的打开方式有4个选项：_blank、_parent、_self 和_top。其中，_blank表示将链接的文件载入一个未命名的新浏览器窗口中；_parent表示将链接的文件载入含有该链接框架的父框架集或父窗口中；_self表示将链接的文件载入该链接所在的同一框架或窗口中；_top表示在整个浏览器窗口中载入所链接的文件，因而会删除所有框架。

举例：

```
<!doctype html>
<html>
```

```
<head>
<meta charset="utf-8">
<title>目标显示方式</title>
</head>
<body>
在线订购提交表
<form action="mailto:ji*****@163.com" method="post"
enctype="application/x-www-form-urlencoded" name="form1" target="_blank">
</form>
</body>
</html>
```

在代码中加粗的部分为目标显示方式。

8.2 插入表单对象

网页中的表单由许多不同的表单元素组成。这些表单元素包括文字字段、单选按钮、复选框、菜单、列表和按钮。

8.2.1 课堂案例——插入文字字段text

网页中最常见的表单域就是文本域，用户可以在文本字段内输入字符或者单行文本。

语法：

```
<input name=" 控件名称 " type="text" value=" 文字字段的默认取值 " size=" 控件的长度 "maxlength=" 最长
字符数 " />
```

说明：在该语法中包含了很多参数，它们的含义和取值方法不同。

举例：

```
<!doctype html>
<html>
<head>
<meta charset="utf-8">
<title>文字字段</title>
</head>
<body>
<form name="form1" method="post" action="index.htm">
姓名：<input name="name" type="text" size="15" />
<br />
年龄：<input name="age" type="text" value="10" size="10" maxlength="2" />
</form>
</body>
</html>
```

在代码中加粗的部分用来设置文本字段，在浏览器中可以在文本字段中输入文字，如图8.1所示。

图8.1　文本字段效果

8.2.2　课堂案例——插入密码域password

密码域是一种特殊的文本字段，它的各属性和文本字段是相同的。但不同的是，密码域输入的字符全部以"*"显示。

语法：

```
<input name="控件名称" type="password" value="文字字段的默认取值" size="控件的长度" maxlength="最长字符数"/>
```

说明：在该语法中包含了很多参数，如表8-1所示。

表8-1　文字字段的参数表

参数类型	含义
type	用来指定插入哪种表单元素
name	密码域的名称，用于和页面中其他控件加以区别。名称由英文或数字以及下画线组成，但有大小写之分
value	用来定义密码域的默认值，以"*"显示
size	确定文本框在页面中显示的长度，以字符为单位
maxlength	用来设置密码域的文本框中最多可以输入的文字数

举例：

```
<!doctype html>
<html>
<head>
<meta charset="utf-8">
<title>密码域</title>
</head>
<body>
<form name="form1" method="post" action="index.htm">
用户名：<input name="username" type="text" size="15" />
<br />
密码：
<input name="password" type="password" value="abcdef" size="10" maxlength="6" />
</form>
</body>
</html>
```

代码中加粗的部分用来设置密码域，在浏览器中可以看到密码域的效果，如图8.2所示。

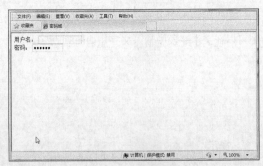

图8.2 密码域效果

8.2.3 课堂案例——插入单选按钮radio

单选按钮是小而圆的按钮，它允许用户从选择列表中选择一个单项。

语法：

```
<input name="单选按钮名称" type="radio" value="单选按钮的取值" checked/>
```

说明：在单选按钮中必须设置value的值。对于选择中的所有单选按钮来说，往往要设置相同的名称，这样在传递时才能更好地对某一个选择内容进行判断。在一个单选按钮组中只有一个单选按钮可以设置为checked。

举例：

```
<!doctype html>
<html>
<head>
<meta charset="utf-8">
<title>单选按钮</title>
</head>
<body>
<form action="index.htm" method="post" name="form1">
性别：<input name="radiobutton" type="radio" value="radiobutton"
checked="checked" />男
<input type="radio" name="radiobutton" value="radiobutton" />女
</form>
</body>
</html>
```

在代码中加粗的部分用来设置单选按钮，在浏览器中的效果如图8.3所示。

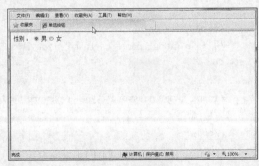

图8.3 单选按钮效果

8.2.4 课堂案例——插入复选框checkbox

复选框允许用户从一个选项列表中选择一个或多个选项。

语法：

```
<input name="复选框名称" type="checkbox" value="复选框的取值" checked/>
```

说明：checked 属性表示该项在默认情况下已经被选中，一个选项列表中可以有多个复选框被选中。

举例：

```
<!doctype html>
<html>
<head>
<meta charset="utf-8">
<title>复选框</title>
</head>
<body>
<form action="index.htm" method="post" name="form1">
个人爱好：
<input name="checkbox" type="checkbox" value="checkbox" checked="checked" />
划船
<input name="checkbox1" type="checkbox" value="checkbox" />打蓝球
<input name="checkbox2" type="checkbox" value="checkbox" />游泳
<input name="checkbox3" type="checkbox" value="checkbox" />上网
</form>
</body>
</html>
```

在代码中加粗的部分用来设置复选框，在浏览器中的效果如图8.4所示。

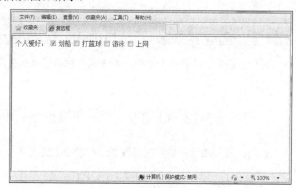

图8.4 复选框效果

8.2.5 课堂案例——插入普通按钮button

在网页中按钮也很常见，在提交页面、清除内容时常常用到。普通按钮一般情况下要配合脚本来进行表单处理。

语法：

```
<input type="button" name="按钮名称" value="按钮的取值" onclick="处理程序" />
```

说明：value属性的取值就是显示在按钮上的文字，在button中可以添加onclick来实现一些特殊的功能。

举例：

```
<!doctype html>
<html>
<head>
<meta charset="utf-8">
<title>普通按钮</title>
</head>
<body>
<form action="index.htm" method="post" name="form1">
单击按钮关闭窗口。
<br />
<input type="button" name="button" value="关闭窗口" onclick="window.close()" />
</form>
</body>
</html>
```

代码中加粗的部分用来设置普通按钮，在浏览器中普通按钮效果如图8.5所示。

图8.5　普通按钮效果

8.2.6　课堂案例——插入提交按钮submit

提交按钮是一种特殊的按钮，单击该类按钮可以提交表单内容。

语法：

```
<input type="submit" name="按钮名称" value="按钮的取值" />
```

说明：value属性同样用来设置显示在按钮上的文字。

举例：

```
<!doctype html>
<html>
<head>
<meta charset="utf 8">
<title>提交按钮</title>
</head>
```

```
<body>
<form action="index.htm" method="post" name="form1">
姓名：<input name="textfield" type="text" size="15" /><br />
年龄：<input name="textfield2" type="text" size="10" /><br />
性别：<input name="radiobutton" type="radio" value="radiobutton"
 checked="checked" />男
<input type="radio" name="radiobutton" value="radiobutton" />女<br />
<input type="submit" name="submit" value="提交" />
</form>
</body>
</html>
```

代码中加粗的部分用来设置提交按钮，在浏览器中提交按钮效果如图8.6所示。

图8.6 提交按钮效果

8.2.7 课堂案例——重置按钮reset

重置按钮用来清除用户在页面中输入的信息。

语法：

```
<input type="reset" name="按钮名称" value="按钮的取值" />
```

说明：reset用来重置显示在按钮上的文字。

举例：

```
<!doctype html>
<html>
<head>
<meta charset="utf-8">
<title>重置按钮</title>
</head>
<body>
<form action="index.htm" method="post" name="form1">
姓名：<input name="textfield" type="text" size="15" /><br />
年龄：<input name="textfield2" type="text" size="10" /><br />
性别：<input name="radiobutton" type="radio" value="radiobutton"
checked="checked" />男
<input type="radio" name="radiobutton" value="radiobutton" />女<br />
```

```
<input type="submit" name="submit" value="提交" />
<input type="reset" name="submit2" value="重置" />
</form>
</body>
</html>
```

在代码中加粗的部分用来设置重置按钮，在浏览器中重置按钮效果如图8.7所示。

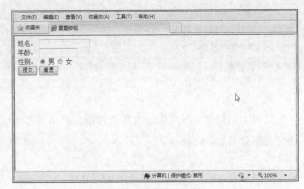

图8.7　重置按钮效果

8.2.8　课堂案例——插入图像域image

使用一幅图像作为按钮可以创建能想象到的任何外观的按钮。

语法：

```
<input name="图像域名称" type="image" src="图像路径" />
```

说明：在语法中，图像的路径可以是绝对的也可以是相对的。

举例：

```
<!doctype html>
<html>
<head>
<meta charset="utf-8">
<title>图像域</title>
</head>
<body>
<form name="form1" method="post" action="index.htm">
您觉得我们的网站哪方面需要改进？<br />
<input type="radio" checked="checked" value="1" name="mofe" />网站美工<br />
<input type="radio" value="2" name="mofe" />网站信息<br />
<input type="radio" value="3" name="mofe" />网站导航<br />
<input type="radio" value="4" name="mofe" />网站功能<br />
<input name="image" type="image" src="tp.gif" />
<input name="image" type="image" src="ck.gif" />
</form>
</body>
</html>
```

代码中加粗的部分用来设置图像域，在浏览器中浏览，效果如图8.8所示。

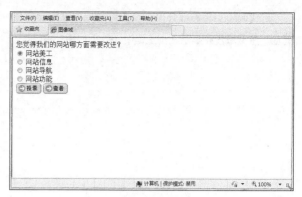

图8.8　图像域效果

8.2.9　课堂案例——插入隐藏域hidden

用户有时候可能想传送一些数据，但这些数据对于用户来说是不可见的，此时，用户可以通过一个隐藏域来传送这样的数据。隐藏域包含那些提交处理的数据，但这些数据并不显示在浏览器中。

语法：

```
<input name="隐藏域名称" type="hidden" value="隐藏域的取值" />
```

说明：将type属性设置为hidden，用户可以依自己所好，在表单中使用任意多的隐藏域。

举例：

```
<!doctype html>
<html>
<head>
<meta charset="utf-8">
<title>隐藏域</title>
</head>
<body>
<form name="form1" method="post" action="index.htm">
您觉得我们的网站哪方面需要改进？<br />
<input type="radio" checked="checked" value="1" name="mofe" />网站美工<br />
<input type="radio" value="2" name="mofe" />网站信息<br />
<input type="radio" value="3" name="mofe" />网站导航 <br />
<input type="radio" value="4" name="mofe" />网站功能
<input name="hidden" type="hidden" value="1" /><br/>
<input name="image" type="image" src="tp.gif" />
<input name="image" type="image" src="ck.gif" />
</form>
</body>
</html>
```

在代码中加粗的部分用来设置隐藏域，在浏览器中浏览，隐藏域没有显示在浏览器中，效果如图8.9所示。

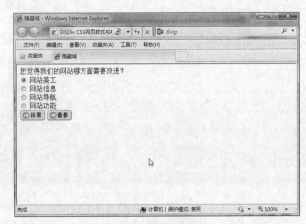

图8.9　隐藏域效果

8.2.10　课堂案例——插入文件域file

文件域在上传文件时常常被用到，它用于查找硬盘中的文件路径，然后通过表单将选中的文件上传。

语法：

```
<input name="文件域名称" type="file" size="控件的长度" maxlength="最长字符数" />
```

举例：

```
<!doctype html>
<html>
<head>
<meta charset="utf-8">
<title>文件域</title>
</head>
<body>
<form action="index.htm" method="post"
enctype="multipart/form-data"
name="form1">上传照片
<input name="file" type="file" size="30"
maxlength="32" />
</form>
</body>
</html>
```

在代码中加粗的部分用来设置文件域，在浏览器中浏览，效果如图8.10所示。

图8.10　文件域效果

8.3　菜单和列表

菜单和列表主要用来选择给定答案中的一种，这类选择往往答案比较多。菜单和列表主要是为了节省页面的空间，它们都是通过<select>、<option>标记来实现的。

8.3.1　课堂案例——插入下拉菜单

下拉菜单是一种最节省页面空间的选择方式，因为在正常状态下下拉菜单只显示一个选项，单击按钮打开菜单后才会看到全部的选项。

语法：

```
<select name="下拉菜单名称">
<option value="选项值"selected>选项显示内容
...
</select>
```

说明：在语法中，选项值是提交表单时的值，而选项显示的内容才是真正在页面中显示的选项。selected 表示该选项在默认情况下是选中的，一个下拉菜单中只能有一个选项默认被选中。

举例：

```
<!doctype html>
<html>
<head>
<meta charset="utf-8">
<title>下拉菜单</title>
</head>
<body>
<form action="index.htm" method="post" name="form1">地区：
<select name="select">
<option value="北京" selected="selected">北京</option>
<option value="南京">南京</option>
<option value="天津">天津</option>
<option value="山东">山东</option>
<option value="安徽">安徽</option>
</select>
</form>
</body>
</html>
```

在代码中加粗的部分用来设置下拉菜单，在浏览器中浏览，效果如图8.11所示。

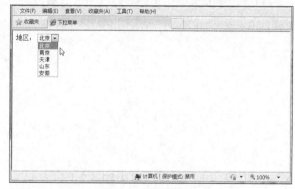

图8.11　下拉菜单效果

8.3.2 课堂案例——插入列表项

列表项在页面中可以显示出几条信息，一旦超出这个信息量，在列表右侧会出现滚动条，拖曳滚动条可以看到所有的选项。

语法：

```
<select name="列表项名称" size="显示的列表项数" multiple>
<option value="选项值"selected>选项显示内容
...
</select>
```

说明：在语法中，size 用来设置在页面中的最多列表数，当超过这个值时会出现滚动条。

举例：

```
<!doctype html>
<html>
<head>
<meta charset="utf-8">
<title>列表项</title>
</head>
<body>
<form action="index.htm" method="post" name="form1">你最喜欢的颜色:
<select name="select" size="1" multiple="multiple">
<option value="红色">红色</option>
<option value="紫色">紫色</option>
<option value="白色">白色</option>
<option value="黑色">黑色</option>
<option value="黄色">黄色</option>
</select>
</form>
</body>
</html>
```

在代码中加粗的部分用来设置列表项，在浏览器中浏览，效果如图8.12所示。

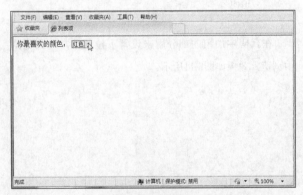

图8.12　列表项效果

8.4　设计表格样式

表格和其他的HTML元素一样，拥有很多CSS样式选项。表格的处理是CSS网页布局中经常会遇到的内容。

8.4.1　设置表格阴影

利用CSS可以给表格制作出阴影效果。

（1）新建一个文档，输入如下所示的CSS代码，该代码分别定义了表格上下左右边框的color、style和width，如图8.13所示。

```
.boldtable {
    border-top-width: 2px;
    border-right-width: 8px;
    border-bottom-width: 8px;
    border-left-width: 2px;
    border-top-style: solid;
    border-right-style: solid;
    border-bottom-style: solid;
    border-left-style: solid;
    border-top-color: #FFFFFF;
    border-right-color: #CCCC00;
    border-bottom-color: #CCCC00;
    border-left-color: #CCCC00;
}
```

图8.13　输入CSS代码

（2）在\<body>和\</body>中输入代码，用于插入表格，如图8.14所示。

```
<table width="368" border="1" cellpadding="0"
cellspacing="0"
    bgcolor="#6699cc" class="boldtable">
<tr>
<td> </td>
</tr>
<tr>
<td> </td>
</tr>
<tr>
<td> </td>
</tr>
</table>
```

图8.14　插入表格

（3）保存文档，在浏览器中浏览，效果如图8.15所示。

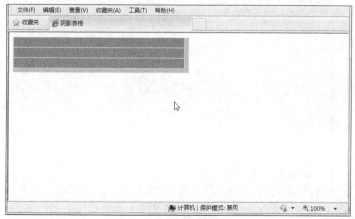

图8.15　表格阴影

8.4.2 设置表格的渐变背景

表格的渐变背景的具体制作步骤如下。

（1）新建文档，输入如下所示CSS代码，如图8.16所示。

```
<style type="text/css">
.bj {
    background-color: #ff9900;
    filter: alpha(opacity=20, finishopacity=80, style=1, startx=60,
    starty=80, finishx=, finishy=);
}
</style>
```

（2）在<body>和</body>中输入如下所示代码，用于插入表格，如图8.17所示。

```
<table width="483" height="208" border="0" class="bj">
<tr>
<td> </td>
</tr>
</table>
```

图8.16　输入CSS代码

图8.17　插入表格

（3）保存文档，在浏览器中浏览，效果如图8.18所示。

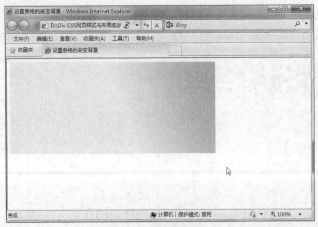

图8.18　渐变背景

8.5 课堂练习

在制作表单和表格的时候，往往用CSS来重新定义表单元素，如输入框、按钮和表格等的样式，以便看起来更加美观。

8.5.1 课堂练习1——设置输入文本的样式

利用CSS样式可以控制浏览者输入文本的样式，起到美化表单的作用，具体操作步骤如下。

01 打开网页文档index.html，如图8.19所示。

02 打开拆分视图，在CSS代码中输入font-family: "宋体"；color: #009900;，设置表单字体和字体样式，如图8.20所示。

图8.19 打开网页文件

图8.20 添加代码

03 保存文档，在浏览器中浏览，效果如图8.21所示。

图8.21 浏览效果

8.5.2 课堂练习2——鼠标指针经过时改变表格行的颜色

本实例讲述鼠标指针经过时改变表格行的颜色，具体操作步骤如下。

01 新建一空白文档，在<body>和</body>标记中输入以下代码，用于鼠标指针经过时改变一行表格的颜色，如图8.22所示。

02 保存文档，当光标放置在一行中时，即可改变这一行颜色，如图8.23所示。

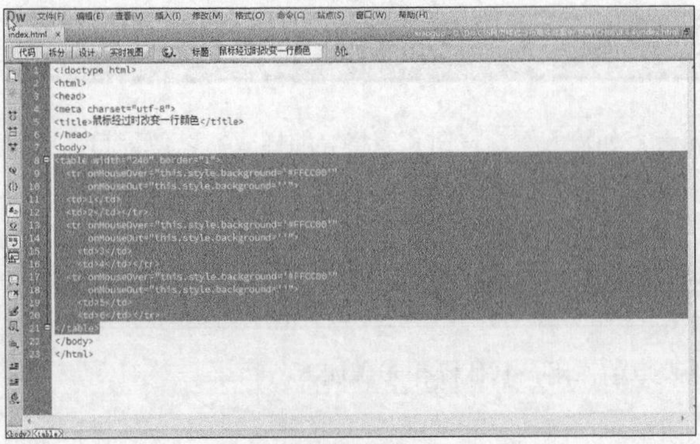

图8.22　输入代码

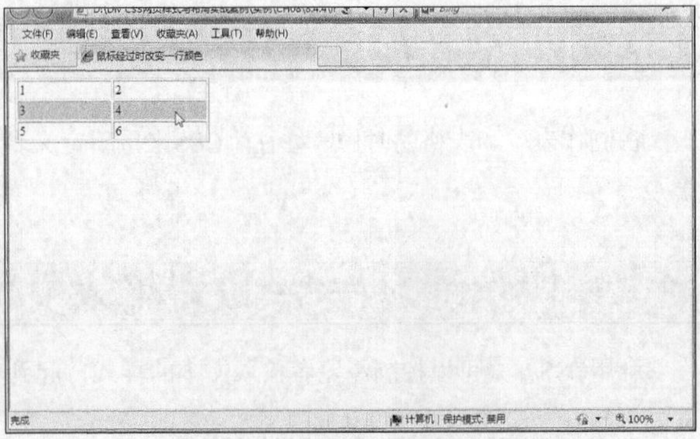

图8.23　鼠标经过时改变表格行的颜色

```
<table width="240" border="1">
  <tr onmouseover="this.style.background='#ffcc00'"
       onmouseout="this.style.background="">
  <td>1</td>
  <td>2</td></tr>
  <tr onmouseover="this.style.background='#ffcc00'"
       onmouseout="this.style.background="">
    <td>3</td>
    <td>4</td></tr>
  <tr onmouseover="this.style.background='#ffcc00'"
       onmouseout="this.style.background="">
    <td>5</td>
    <td>6</td></tr>
</table>
```

8.5.3　课堂练习3——用虚线美化表格的边框

本实例讲述用虚线美化表格的边框，具体操作步骤如下。

01　新建一个空白文档，在<head>和</head>标记中输入以下代码，用CSS样式设置表格边框的颜色，如图8.24所示。

```
<style>
.bor{border:3px dashed #f00;width:300px;heigh
t:60px;margin-top:10px}
span{display:block}/*css注释说明：让span形成
块*/
</style>
```

图8.24　输入代码

02　在<body>和</body>标记中输入以下代码，插入表格，如图8.25所示。

03　保存文档，在浏览器中浏览，即可看到精美的边框，效果如图8.26所示。

```
<table cellpadding="2" cellspacing="2" class="bor">
<tr>
<td colspan="2">虚线美化表格的边框</td>
</tr>
</table>
```

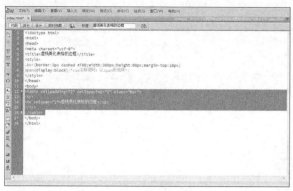

图8.25 插入表格

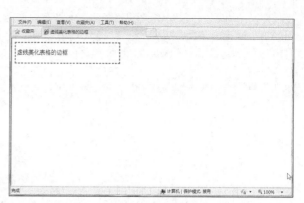

图8.26 精美边框效果

8.6 本章小结

表格作为传统的HTML元素，一直受到网页设计者的青睐。使用表格来表示数据、制作调查表等在网络中屡见不鲜。同时因为表格框架的简单、明了，使用没有边框的表格来排版，也受到很多设计者的喜爱。

表单是交互式网站的很重要的应用之一，它可以实现交互功能。需要注意的是，本章所介绍的内容只涉及表单的设置，不涉及具体功能的实现方法，例如，要实现一个真正的新闻发布系统，则必须有服务器程序的配合，读者有兴趣的话，可以参考其他相关的图书和资料。

8.7 课后习题

1. 填空题

（1）在网页中_____标记对用来创建一个表单，即定义表单的开始和结束位置，在标记对之间的一切都属于表单的内容。在表单的<form>标记中，可以设置表单的基本属性，包括表单的名称、处理程序和传送方法等。

（2）表单的_____属性用于指定在数据提交到服务器的时候使用哪种HTTP提交方法，可取值为_____或_____。

（3）目标窗口的打开方式有4个选项：_____、_____、_____和_____。

（4）菜单和列表主要用来选择给定答案中的一种，这类选择往往答案比较多。菜单和列表主要是为了节省页面的空间，它们都是通过_____标记来实现的。

2. 操作题

设计文本框的样式，如图8.27所示。

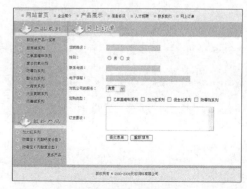

图8.27 设置文本框的样式

第 **9** 章

使用链接与列表设计网站导航

对于很多追求页面美观的网页制作者来说，默认的链接样式实在是让人太难以容忍了，而且它们也很难和网站的风格相吻合。不过有了CSS之后网页制作者就不用担心这个问题了。列表是一种非常有用的数据排列方式，它以列表的模式来显示数据。HTML 中共有3种列表，分别是无序列表、有序列表和定义列表。本章讲解通过CSS样式来控制链接与列表，并设计出美观的网站导航。

—————————————————— 学习目标 ——————————————————

- 掌握光标属性cursor
- 掌握未访问过的超链接a:link
- 掌握有序列表

- 掌握下画线样式text-decoration
- 掌握鼠标指针悬停时状态a:hover
- 掌握无序列表

9.1 链接样式设置基础

现在CSS已经被广泛应用于各种网页的制作当中。在CSS的配合下，HTML语言能够发挥出更大的效果。

9.1.1 课堂案例——设置鼠标指针属性cursor

鼠标指针属性cursor可以设置在对象上移动的鼠标指针所采用的形状。

语法：

cursor:auto ┃ 形状取值 ┃ url（图像地址）

说明：鼠标指针形状的取值有以下几种，如表9-1所示。

表9-1 鼠标指针形状的取值

取 值	含 义
default	客户端平台默认的鼠标指针。通常是一个箭头
hand	竖起一只手指的手形鼠标指针
crosshair	简单的十字线鼠标指针
text	大写字母I的形状
help	带有问号标记的箭头
wait	用于标示程序忙用户需要等待的鼠标指针
e-resize	向东的箭头
ne-resize	向东北的箭头
n-resize	向北的箭头
nw-resize	向西北的箭头
w-resize	向西的箭头
sw-resize	向西南的箭头
s-resize	向南的箭头
se-resize	向东南的箭头
auto	默认值。浏览器根据当前情况自动确定鼠标指针类型

举例：

```
<!doctype html>
<html>
<head>
<meta charset="utf-8">
<title>鼠标指针属性</title>
<style type="text/css">
<!--
.l {font-size: 16px;
line-height: 25px;}
ol{list-style-image: url(lb02.gif);
cursor: wait;}
-->
</style>
</head>
```

```
<body>
<ol class="l">
<li>2020年中考报名时间<br>
<li>2020年中考报名条件<br>
<li>2020年中考报名入口<br>
<li>2020年中考招生简章
</ol>
</body>
</html>
```

在代码中，cursor: wait用来设置鼠标指针属性，将鼠标指针设置为标示程序忙用户需等待，在浏览器中的浏览，效果如图9.1所示。

图9.1 光标属性效果

9.1.2 课堂案例——设置下画线样式text-decoration

text-decoration属性用于设置文本是否有画线以及画线的方式。

语法：

```
text-decoration : none | underline |blink | overline | line-through
```

说明：text-decoration的取值有以下几种，如表9-2所示。

表9-2 鼠标指针形状的取值

取 值	含 义
none	无装饰
blink	闪烁
underline	下画线
line-through	贯穿线
overline	上画线

举例：

```
<!doctype html>
<html>
<head>
<meta charset="utf-8">
<title>下画线样式</title>
<style>
body p a {text-decoration:underline;}
```

```
</style>
</head>
<body>
<p>
<a href="#">设置下画线样式</a>
</p>
</body>
</html>
```

在浏览器中浏览，看见添加的下画线效果，如图9.2所示。

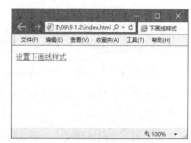

图9.2 下画线效果

9.1.3 课堂案例——设置未访问过的超链接a:link

设置a对象在未被访问前（未单击过和鼠标未经过）的样式表属性。

下面通过实例讲述超链接a:link的使用，其代码如下。

```
<!doctype html>
<html>
<head>
<meta charset="utf-8">
<title>a:link</title>
<style type="text/css">
#nav {background-image: url(top.jpg);}
a:link {font-family: "宋体";
    font-size: 14px;
    line-height: 200%;
    font-weight: bold;
    color: #FF0;}
</style>
</head>
<body>
<div id="nav">
    <a href="" class="style2">首页</a>
    <a href="">公司简介</a>
    <a href="">商品展示</a>
    <a href="">公司荣誉</a>
    <a class="lastchild" href="">联系我们</a>
</div>
</body>
```

```
</body>
</html>
```

在浏览器中浏览，可以看到未访问的超链接文字效果如图9.3
所示。

图9.3 未访问的超链接效果

9.1.4 课堂案例——设置鼠标指针悬停时状态a:hover

有时需要对一个网页中的链接文字做不同的效果，并且让鼠标指针悬停其上时也有不同的效果。

a:hover用于设置对象在鼠标指针悬停时的样式表属性，也就是鼠标指针刚刚经过a超链接并停留在a超链接上时的样式。

下面通过实例讲述a:hover的使用，其代码如下。

```
<!doctype html>
<html>
<head>
<meta charset="utf-8">
<title>a:hover</title>
<style type="text/css">
#nav {background-image: url(top.jpg);}
    a:hover {color: #FF0;}
</style>
</head>
<body>
   <div id="nav">
    <a href="" class="style2">首页</a>
    <a href="">公司简介</a>
    <a href="">商品展示</a>
    <a href="">公司荣誉</a>
    <a class="lastchild" href="">联系我们</a>
   </div>
</body>
</body>
</html>
```

在浏览器中浏览，效果如图9.4所示，由于设置了a:hover的color为
#FF0，则鼠标指针停留在超链接上的时候会改变文本的颜色。

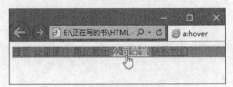

图9.4 鼠标指针停留在超链接上时的效果

9.1.5 课堂案例——设置已访问超链接样式a:visited

a:visited表示超链接被访问过后的样式，对于浏览器而言，通常都是访问过的超链接比没有访问过的超链接颜色

稍浅，以便提示浏览者该超链接已经被单击过。

下面通过实例讲述a:visited的使用，其代码如下。

```
<!doctype html>
<html>
<head>
<meta charset="utf-8">
<title>a:visited</title>
<style type="text/css">
#nav {background-image: url(top.jpg);}
    a:visited {    /* 设置访问后的链接样式 */
    font-family: "宋体";
    font-size: 14px;
    line-height: 200%;
    font-weight: bold;
    color: #CCCCCC;}
</style>
</head>
<body>
<div id="nav">
    <a href="" class="style2">首页</a>
    <a href="">公司简介</a>
    <a href="">商品展示</a>
    <a href="">公司荣誉</a>
    <a class="lastchild" href="">联系我们</a>
 </div>
</body>
</body>
</html>
```

在浏览器中浏览，可以看到访问过的超链接的颜色如图9.5所示。

图9.5 超链接文字被访问后的样式

9.1.6 课堂案例——设置超链接的激活样式a:active

a:active表示超链接的激活状态，用来定义单击超链接但还没有释放鼠标时的样式。

下面通过实例讲述a:active的使用，其代码如下。

```
<!doctype html>
<html>
<head>
<meta charset="utf-8">
<title>a: active</title>
```

```
<style type="text/css">
#nav {background-image: url(top.jpg);}
    a:active { font-family: "宋体";
    font-size: 14px;
    line-height: 200%;
    font-weight: bold;
    color: #FF0000;
    background-color: #66CC33;}
</style>
</head>
<body>
<div id="nav">
    <a href="" class="style2">首页</a>
    <a href="">公司简介</a>
    <a href="">商品展示</a>
    <a href="">公司荣誉</a>
    <a class="lastchild" href="">联系我们</a>
</div>
</body>
</body>
</html>
```

在浏览器中单击超链接文字且不释放鼠标，可以看到图9.6所示的效果，有绿色的背景和红色的文字。

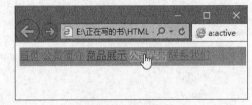

图9.6 超链接激活效果

9.2 有序列表

有序列表在列表中将每个元素按数字或字母的顺序标号。创建一个有序列表时，以开始标记<ol>为开始。然后，在每个列表元素前用开始标记<li>标识，标识的结束标记为</li>。

9.2.1 课堂案例——设置有序列表标记<ol>

在有序列表中各个列表项使用编号排列，列表中的项目有先后顺序，一般采用数字或字母作为顺序号。

语法：

```
<ol>
<li>有序列表项</li>
<li>有序列表项</li>
<li>有序列表项</li>
<li>有序列表项</li>
<li>有序列表项</li>
...
</ol>
```

说明：在该语法中，<ol>标记和</ol>标记分别标志着有序列表的开始和结束，而<li>标记和</li>标记表示这是一个列表项。

举例：

```
<!doctype html>
<html>
<head>
<meta charset="utf-8">
<title>有序列表</title>
</head>
<body>
<ol>
  <li>星期一</li>
  <li>星期二</li>
  <li>星期三</li>
  <li>星期四</li>
  <li>星期五</li>
  <li>星期六</li>
  <li>星期日</li>
</ol>
</body>
</html>
```

在代码中加粗的部分是有序列表标记，在浏览器中浏览，可以看到有序列表的序号如图9.7所示。

图9.7 有序列表效果

9.2.2 课堂案例——设置有序列表的序号类型type

默认情况下，有序列表的序号是数字，设置type属性可以改变序号的类型，包括大小写字母、阿拉伯数字和大小写罗马数字。

语法：

```
<ol type="序号类型">
<li>有序列表项</li>
<li>有序列表项</li>
...
</ol>
```

说明：在该语法中，有序列表的序号类型有5种，如表9-3所示。

表9-3　有序列表的序号类型

type	列表项目的序号类型
1	数字1、2、3、4……
a	小写英文字母a、b、c、d……
A	大写英文字母A、B、C、D……
i	小写罗马数字i、ii、iii、iv……
I	大写罗马数字I、II、III、IV……

举例：

```
<!doctype html>
<html>
<head>
<meta charset="utf-8">
<title>有序列表</title>
</head>
<body>
<ol type="a">
<li>星期一</li>
<li>星期二</li>
<li>星期三</li>
<li>星期四</li>
<li>星期五</li>
<li>星期六</li>
<li>星期日</li>
</ol>
</body>
</html>
```

在代码中加粗的部分用来设置序号类型，在浏览器中浏览，可以看到将序号类型设置为小写英文字母的效果如图9.8所示。

图9.8 有序列表的序号类型

提示

　　type属性仅仅适用于有序和无序列表，并不适用于目录列表、自定义项和菜单列表。

9.2.3 课堂案例——设置有序列表的起始数值start

默认情况下，有序列表的编号是从1开始的，设置start属性可以调整编号的起始值。

语法：

```
<ol start="起始数值">
<li>有序列表项</li>
<li>有序列表项</li>
<li>有序列表项</li>
<li>有序列表项</li>
...
</ol>
```

说明：在该语法中，起始数值只能是数字，但是同样可以对字母和罗马数字起作用。

举例：

```
<!doctype html>
<html>
<head>
<meta charset="utf-8">
<title>有序列表起始数值</title>
</head>
<body>
<ol type="a" start="2">
<li>星期一</li>
<li>星期二</li>
<li>星期三</li>
<li>星期四</li>
<li>星期五</li>
<li>星期六</li>
<li>星期日</li>
</ol>
</body>
</html>
```

在代码中加粗的部分用来设置有序列表起始数值为2，在浏览器中浏览，可以看到起始编码为b，如图9.9所示。

图9.9 有序列表的起始数值

9.3 无序列表

无序列表除了不使用数字或字母以外，其他的和有序列表类似。无序列表并不依赖顺序来表示重要的程度。

9.3.1 课堂案例——设置无序列表标记<ul>

无序列表的项目排列没有顺序，以符号作为分项标识。
语法：

```
<ul>
<li>列表项</li>
<li>列表项</li>
<li>列表项</li>
```

```
<li>列表项</li>
<li>列表项</li>
...
</ul>
```

说明：在该语法中，使用<ul>标记和</ul>标记分别表示这一个无序列表的开始和结束，<li>标记则表示一个列表项的开始。在一个无序列表中可以包含多个列表项。

举例：

```
<!doctype html>
<html>
<head>
<meta charset="utf-8">
<title>无序列表</title>
</head>
<body>
<ul>
<li>星期一</li>
<li>星期二</li>
<li>星期三</li>
<li>星期四</li>
<li>星期五</li>
<li>星期六</li>
<li>星期日</li>
</ul>
</body>
</html>
```

在代码中加粗的部分用于设置无序列表，在浏览器中浏览，可以看到无序列表的效果如图9.10所示。

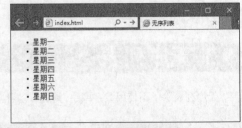

 提示

不能够将数字列表作为一个无序列表的一部分或附属列表，但却能够使用嵌套列表项将数字列表项置于下一层中。

图9.10 无序列表效果

9.3.2 课堂案例——设置无序列表的类型type

默认情况下，无序列表的项目符号是●，设置 type 属性可以调整无序列表的项目符号，以避免列表符号的单调。

语法：

```
<ul type="符号类型">
<li>列表项</li>
<li>列表项</li>
<li>列表项</li>
```

```
...
</ul>
```

说明：在该语法中，无序列表其他的属性不变，type属性则决定了列表项开始的符号。它可以设置的值有3个，如表9-4所示。

表9-4　无序列表的序号类型

类型值	列表项目的符号
disc	默认值，黑色实心圆点的项目符号"●"
circle	空心圆环项目符号"○"
square	正方形的项目符号"■"

举例：

```
<!doctype html>
<html>
<head>
<meta charset="utf-8">
<title>无序列表符号</title>
</head>
<body>
<p>文学作品</p>
<ul type="square">
<li>诗词歌赋</li>
<li>散文精选</li>
<li>言情小说</li>
<li>武侠小说</li>
</ul>
</body>
</html>
```

在代码中加粗的部分用于设置无序列表符号，在浏览器中浏览，可以看到效果如图9.11所示。

图9.11 无序列表的序号类型

9.3.3 课堂案例——设置目录列表标记\<dir\>

目录列表一般用来创建多列的目录列表，它在浏览器中的显示效果与无序列表相同，因为它的功能也可以通过无序列表来实现。

语法：

```
<dir>
<li>列表项</li>
<li>列表项</li>
<li>列表项</li>
```

```
...
</dir>
```

说明：在该语法中，<dir>标记和</dir>标记分别标志着目录列表的开始和结束。

举例：

```
<!doctype html>
<html>
<head>
<meta charset="utf-8">
<title>目录列表</title>
</head>
<body>
<p>列表</p>
<dir>
<li>无序列表</li>
<li>有序列表</li>
<li>目录列表</li>
</dir>
</body>
</html>
```

在代码中加粗的部分用来设置目录列表，在浏览器中浏览，可以看到目录列表的效果如图9.12所示。

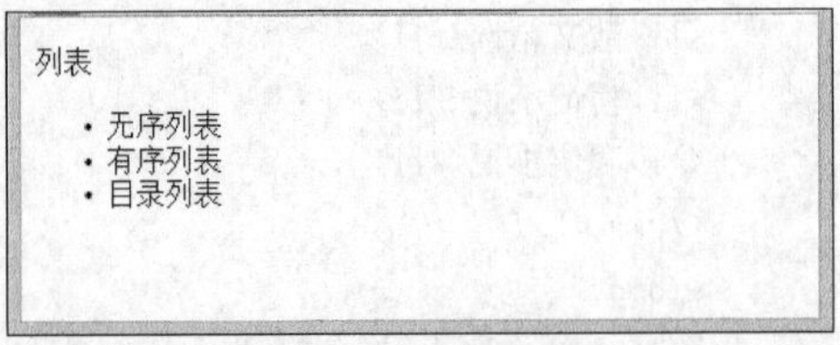

列表

- 无序列表
- 有序列表
- 目录列表

图9.12 目录列表效果

9.3.4 课堂案例——设置定义列表标记<dl>

定义列表由两部分组成：定义条件和定义描述。定义列表的英文全称是definition list。<dt>用来指定需要解释的名词，英文全称为definition term；<dd>是具体的解释，英文全称为definition description。

语法：

```
<dl>
<dt>定义条件</dt>
<dd>定义描述</dd>
...
</dl>
```

说明：在该语法中，<dl>标记和</dl>标记分别定义了定义列表的开始和结束，<dt>标记后面就是要解释的名称，而在<dd>标记后面则添加该名词的具体解释。

举例:

```
<!doctype html>
<html>
<head>
<meta charset="utf-8">
<title>定义列表</title>
</head>
<body>
<dl>
<dt>CSS</dt>
<dd>CSS就是Cascading Style Sheets，中文翻译为"层叠样式表"，简称样式表，它是一种制作网页的新技术。</dd>
<dt>Dreamweaver</dt>
<dd>Dreamweaver是现今较好的网站编辑工具之一，用它来制作网页的CSS样式表会更简单、更方便。</dd>
<dt>指针的概念</dt>
<dd>指针是一个特殊的变量，它里面存储的数值被解释成为内存里的一个地址。</dd>
</dl>
</body>
</html>
```

在代码中加粗的部分用来设置定义列表，在浏览器中浏览，可以看到定义列表的效果如图9.13所示。

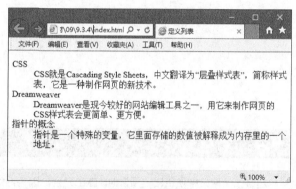

图9.13 定义列表效果

 提示

尽管在一个自定义列表之外使用<dd>标签来缩进文本非常有用，但这并不是有效的HTML语言，并且它会在某些浏览器中造成难以预料的后果。

9.3.5 课堂案例——设置菜单列表标记<menu>

菜单列表主要用于设计单列的菜单列表。菜单列表在浏览器中的显示效果和无序列表是相同的，因为它的功能也可以通过无序列表来实现。

语法:

```
<menu>
<li>列表项</li>
<li>列表项</li>
<li>列表项</li>
...
</menu>
```

说明:在该语法中，<menu>标记和</menu>标记分别标志着菜单列表的开始和结束。

举例：

```
<!doctype html>
<html>
<head>
<meta charset="utf-8">
<title>菜单列表</title>
</head>
<body>
文学作品
<menu>
<li>诗词歌赋</li>
<li>散文精选</li>
<li>言情小说</li>
<li>武侠小说 </li>
</menu>
</body>
</html>
```

在代码中加粗的部分用来设置菜单列表，在浏览器中浏览，效果如图9.14所示。

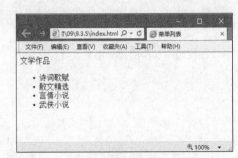

图9.14 菜单列表效果

9.4 课堂练习

超链接是网站中使用比较频繁的HTML元素，因为网站的各种页面都是由超链接串接而成，超链接完成了页面之间的跳转。下面通过实例讲述利用CSS控制超链接样式。

9.4.1 课堂练习1——翻转式超链接

除了背景颜色和边框等传统CSS样式，如果将背景图片也加入超链接的属性中，就可以制作出更多绚丽的效果。

01 新建一个空白文档，在<head>和</head>标记中输入如下CSS代码，如图9.15所示。

02 在<body>和</body>标记中输入文本，如图9.16所示。

```
<style>
<!--
body{padding:0px;
margin:0px;
background-color:#f5eee1;}
table.banner{background:url(1.jpg) repeat-x;
width:100%;}
table.links{background:url(1.jpg) repeat-x;
```

```
font-size:12px;
width:100%}
a{width:80px; height:32px;
padding-top:10px;
text-decoration:none;
text-align:center;
background:url(1.jpg) no-repeat; /* 超链接背景图片 */}
a:link{color:#654300;}
a:visited{color:#654300;}
a:hover{color:#ffffff;
text-decoration:none;
background:url(2.jpg) no-repeat; /* 变换背景图片 */}
-->
</style>
```

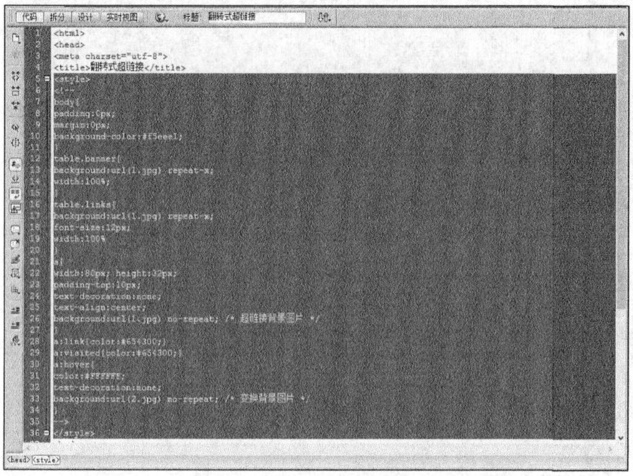

图9.15 输入CSS代码

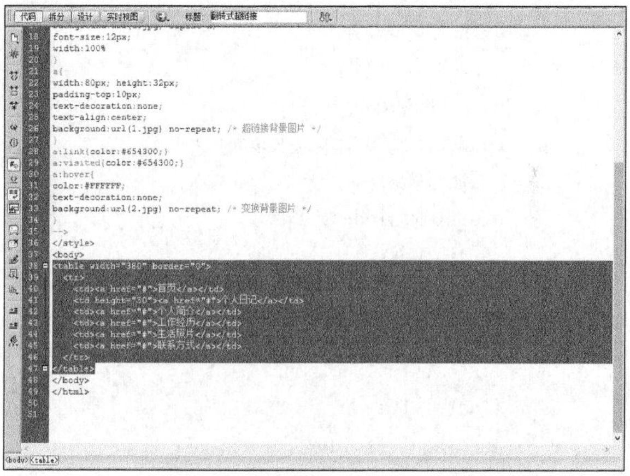

图9.16 输入文本

```
<table width="380" border="0">
  <tr>
    <td><a href="#">首页</a></td>
    <td height="50"><a href="#">个人日记</a></td>
    <td><a href="#">个人简介</a></td>
    <td><a href="#">工作经历</a></td>
    <td><a href="#">生活照片</a></td>
    <td><a href="#">联系方式</a></td>
  </tr>
</table>
```

03 保存文档，浏览代码，可以看见图 9.17 所示的效果。

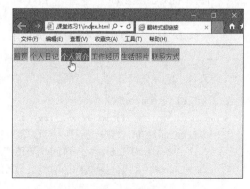

图9.17 最终效果

9.4.2 课堂练习2——设计导航菜单

好的导航菜单总能给人留下不一样的深刻的印象。接下来介绍一种完全利用CSS制作的导航菜单。

01 新建一个空白文档，在\<head>和\</head>标记中输入如下CSS代码，如图9.18所示。

02 在\<body>和\</body>标记中输入文本，如图9.19所示。

```
<style type="text/css">
body
{ font: 16px arial, helvetica, sans-serif;
}

#breadcrumb
{   font: 11px arial, helvetica, sans-serif;
    background-image:url('bc_bg.png');
    background-repeat:repeat-x;
    height:30px;
    line-height:30px;
    color:#9b9b9b;
    border:solid 1px #cacaca;
    width:100%;
    overflow:hidden;
    margin:0px;
    padding:0px;}
#breadcrumb li
{   list-style-type:none;
    float:left;
    padding-left:10px;}
#breadcrumb a
{   height:30px;
    display:block;
    background-image:url('bc_separator.png');
    background-repeat:no-repeat;
    background-position:right;
    padding-right: 15px;
    text-decoration: none;
    color:#454545;}
.home
{   border:none;
    margin: 8px 0px;}
#breadcrumb a:hover
{   color:#f00;}
</style>
```

图9.18 输入CSS代码

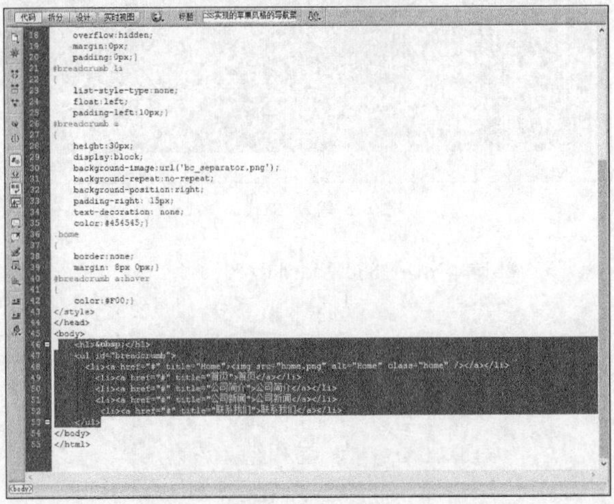

图9.19 输入文本

```
<h1> </h1>
<ul id="breadcrumb">
<li><a href="#" title="home"><img src="home.png" alt="home" class="home" /></a></li>
<li><a href="#" title="首页">首页</a></li>
<li><a href="#" title="公司简介">公司简介</a></li>
<li><a href="#" title="公司新闻">公司新闻</a></li>
```

```
<li><a href="#" title="联系我们">联系我们</a></li>
</ul>
```

03 保存文档，效果如图9.20所示。

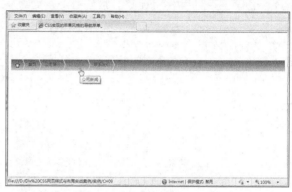

图9.20 导航菜单

9.5 本章小结

在一个网站中，所有页面都会通过超链接互相链接在一起，这样才会形成一个有机的网站。因此在各种网站中，导航都是网页中最重要的组成部分之一。本章主要介绍了超链接文本的样式设计，以及列表的样式设计。对于超链接，最核心的是4种类型的含义和用法；对于列表，需要了解基本的设置方法。这二者都是非常重要和常用的元素，因此一定要熟练掌握相关的基本要点，为后面制作复杂的例子打好基础。

9.6 课后习题

1. 填空题

（1）_____用于设置鼠标指针在对象上悬停时的样式表属性，也就是鼠标刚刚经过a超链接并停留在a超链接上时的样式。

（2）_____表示超链接被访问过后的样式，对于浏览器而言，通常都是访问过的超链接比没有访问过的超链接颜色稍浅，以便提示浏览者该超链接已经被单击过。

（3）有序列表在列表中将每个元素按数字或字母的顺序标号。创建一个有序列表时，以开始标记_____为开始。然后，在每个列表元素前用开始标记_____标识，标识的结束标记为_____。

（4）菜单列表主要用于设计单列的菜单列表。菜单列表在浏览器中的显示效果和无序列表是相同的，因为它的功能也可以通过无序列表来实现。_____标记和_____标记分别标志着菜单列表的开始和结束。

2. 操作题

设计一个背景变换的导航菜单，如图9.21所示。

图9.21 背景变换的导航菜单

第**10**章

移动网页设计基础CSS3

CSS3是CSS规范的最新版本，它在CSS2.1的基础上增加了很多强大的新功能，如圆角、多背景、透明度、阴影等功能，以帮助开发人员解决一些问题，并且不再需要非语义标签、复杂的JavaScript 脚本以及图片。CSS2.1是单一的规范，而CSS3被划分成几个模块组，每个模块组都有自己的规范。这样的好处是整个CSS3的规范发布不会因为部分难缠的部分而影响其他模块的推进。

───────── 学习目标 ─────────

- 掌握边框
- 掌握文本
- 掌握转换变形

- 掌握背景
- 掌握多列
- 掌握过渡

10.1 边框

通过CSS3能够创建圆角边框、向矩形添加阴影、使用图片来绘制边框等，并且不需使用设计软件，如Photoshop。对于边框，在CSS2中仅局限于边框的线型、粗细、颜色的设置，如果需要特殊的边框效果，只能使用背景图片来模仿。CSS3的border-image属性使元素边框的样式变得更加丰富，还可以使用该属性实现类似background的效果，对边框进行扭曲、拉伸和平铺等。

10.1.1 课堂案例——设置圆角边框 border-radius

圆角是CSS3中使用最多的一个属性，原因很简单：圆角比直角更美观，而且不会与设计产生任何冲突。在 CSS2 中制作圆角，需要使用多张圆角图片作为背景，然后将其分别应用到每个角上，制作起来非常麻烦。

CSS3无需添加任何元素与图片，也不需借用任何JavaScript脚本，一个border-radius属性就能搞定。而且其还有多个优点：其一是减少网站维护的工作量，少了对图片的更新制作、代码的替换等；其二是提高网站的性能，少了对图片进行http的请求，网页的载入速度将变快；其三是增加视觉美观性。

语法：

```
border-radius: none | <length>{1,4} [ / <length>{1,4} ];
```

按此顺序设置每个radius的四个值。如果省略bottom-left，则其值与top-right相同。如果省略bottom-right，则其值与top-left相同。如果省略top-right，则其值与top-left 相同。

1. border-radius设置一个值

border-radius只有一个取值时，四个角具有相同的圆角设置，其效果是一致的，代码如下。

```
. box {border-radius: 10px;}
```

其等价于：

```
. box {
border-top-left-radius: 10px;
border-top-right-radius: 10px;
border-bottom-right-radius: 10px;
border-bottom-left-radius: 10px;
}
```

下面是一个四个角相同的设置，其HTML代码如下。

```
<!doctype html>
<html>
<head>
<meta charset="utf-8">
<title>四个角具有相同的圆角设置</title>
<link href="images/style.css" rel="stylesheet" type="text/css" />
</head>
<body>
<div class="box"> 四个角具有相同的圆角</div>
</body>
</html>
```

其CSS代码如下。

```
.box {border-radius:10px;
border:1px solid #000;
width:400px;
height:200px;
background:#FC6;
margin:0 auto}
```

这里使用border-radius:10px;设置四个角为10像素圆角效果，在浏览器中浏览，效果如图10.1所示，四个角都相同。

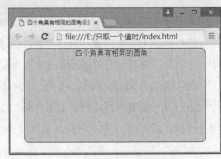

图10.1 四个角都相同

2. border-radius设置两个值

border-radius设置两个值时，top-left 等于bottom-right，并且它们取第一个值；top-right等于bottom-left，并且它们取第二个值，也就是说元素左上角和右下角相同，右上角和左下角相同。

代码如下。

```
. box {
border-radius: 10px 40px;
}
```

其等价于：

```
. box {
border-top-left-radius: 10px;
border-bottom-right-radius: 10px;
border-top-right-radius: 40px;
border-bottom-left-radius: 40px;
}
```

下面是一个border-radius取两个值的实例，其CSS代码如下。

```
.box {
border-radius:10px  40px;
border:1px solid #000;
width:400px;
height:200px;
background:#FC6;
margin:0 auto}
```

图10.2 border-radius只取两个值时的效果

这里使用border-radius:10px 40px;设置对象左上角和右下角为10px圆角，右上角和左下角为为40px圆角，如图10.2所示。

3. border-radius设置三个值

border-radius设置三个值时，top-left取第一个值，top-right等于bottom-left，并且它们取第二个值，bottom-right取第三个值。

代码如下。

```
.box {
border-radius: 10px 40px 30px;
}
```

其等价于：

```
.box {
border-top-left-radius: 10px;
border-top-right-radius: 40px;
border-bottom-left-radius: 40px;
border-bottom-right-radius: 30px;
}
```

下面是一个border-radius设置三个值的实例，其CSS代码如下。

```
.box {
border-radius:10px 40px 30px;
border:1px solid #000;
width:400px;
height:200px;
background:#FC6;
margin:0 auto
}
```

这里使用border-radius:10px 40px 30px;设置对象左上角为10px圆角，右上角和左下角为40px圆角，右下角为30px圆角，如图10.3所示。

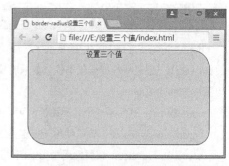

图10.3 border-radius设置三个值时的效果

4. border-radius设置四个值

border-radius设置四个值时，top-left取第一个值，top-right取第二个值，bottom-right取第三个值，bottom-left取第四个值。

代码如下。

```
.box {
border-radius:10px 20px 30px 40px;
}
```

其等价于:

```
.box {
border-top-left-radius: 10px;
border-top-right-radius: 20px;
border-bottom-right-radius: 30px;
border-bottom-left-radius: 40px;
}
```

下面是一个border-radius取四个值的实例,其CSS代码如下。

```
.box {
border-radius:10px 20px 30px 40px;
border:1px solid #000;
width:400px;
height:200px;
background:#FC6;
margin:0 auto
}
```

这里使用border-radius:10px 20px 30px 40px;分别设置了四个角的大小,如图10.4所示。

图10.4 border-radius设置四个值时的效果

10.1.2 课堂案例——设置边框图片border-image

border-images也是CSS3中的重量级属性,从字面意思上看,可以将其理解为"边框图片",也就是使用图片作为边框,这样一来边框的样式就不像以前只有实线、虚线、点状线那样单调了。设置CSS3的border-image属性,可以使用图片来创建边框。

border-image 属性是一个简写属性,可以用于设置以下属性。

border-image-source:该属性用于指定是否用图片定义边框样式或图片来源路径。

border-image-slice:该属性用于指定图片边框向内偏移的量。

border-image-width:该属性用于指定图片边框的宽度。

border-image-outset:该属性用于指定边框图片区域超出边框的量。

border-image-repeat:该属性用于指定图片边框是否应平铺、铺满或拉伸。

IE11、Firefox、Opera 15、Chrome及Safari 6等浏览器都支持border-image属性。

下面通过CSS3的border-image属性,使用图片来创建边框,实例代码如下。

```
<!doctype html>
<html>
<head>
<meta charset="utf-8">
<style>
div
```

```
{
border:30px solid transparent;
width:300px;
padding:15px 20px;
}
#round
{
-moz-border-image:url(i/border.png) 30 30 round;/* Old Firefox */
-webkit-border-image:url(i/border.png) 30 30 round; /* Safari and Chrome */
-o-border-image:url(i/border.png) 30 30 round;        /* Opera */
border-image:url(i/border.png) 30 30 round;
}
#stretch
{
-moz-border-image:url(i/border.png) 30 30 stretch;  /* Old Firefox */
-webkit-border-image:url(i/border.png) 30 30 stretch; /* Safari and Chrome */
-o-border-image:url(i/border.png) 30 30 stretch; /* Opera */
border-image:url(i/border.png) 30 30 stretch;
}
</style>
</head>
<body>
<div id="round">在这里设置round，图片铺满整个边框。</div>
<br>
<div id="stretch">在这里设置stretch，图片被拉伸以填充该区域。</div>
<p>这是我们使用的图片：</p>
<img src="i/border.png">
</body>
</html>
```

设置round，图片铺满整个边框。设置stretch，图片被拉伸以填充该区域，效果如图10.5所示。

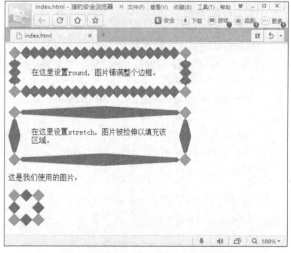

图10.5 设置边框图片属性border-image的效果

10.1.3 课堂案例——设置边框阴影box-shadow

以前给一个块元素设置阴影，只能通过给该块级元素设置背景来实现，当然在IE浏览器中还可以通过微软的shadow滤镜来实现，不过也只在IE下有效，那它的兼容性也就可想而知了。但是CSS3的box-shadow属性的出现使这一问题变得简单了。在CSS3中，box-shadow属性用于向边框添加阴影。

语法：

```
box-shadow: h-shadow v-shadow blur spread color inset;
```

说明如下。

box-shadow用于向边框添加一个或多个阴影。该属性的每个阴影由2～4个长度值、可选的颜色值以及可选的inset关键词来规定。省略长度的值是0。

h-shadow：必需，用于设置水平阴影的位置，允许是负值。

v-shadow：必需，用于设置垂直阴影的位置，允许是负值。

blur：可选，用于设置模糊距离。

spread：可选，用于设置阴影的尺寸。

color：可选，用于设置阴影的颜色。

inset：可选，用于将外部阴影（outset）改为内部阴影。

下面为对一个边框添加阴影的实例，其代码如下。

```
<!doctype html>
<html>
<head>
<meta charset="utf-8">
<style>
div
{
width:400px;
height:300px;
background-color:#ff9900;
-moz-box-shadow: 10px 10px 10px #888888; /* 老的 Firefox */
box-shadow: 20px 20px 15px #888888;
}
</style>
<title>box-shadow</title>
</head>
<body>
<div></div>
</body>
</html>
```

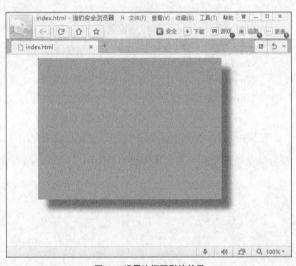

图10.6 设置边框阴影的效果

这里使用box-shadow: 20px 20px 15px #888888;设置了阴影的偏移量和颜色，如图10.6所示。

10.2 背景

CSS3不再局限于背景色、背景图像的运用，其新特性中添加了多个新的属性，如background-origin、background-clip、background-size，此外，还可以在一个元素上设置多个背景图片。这样，如果要设计比较复杂的网站页面效果，就不再需要使用一些多余标记来辅助实现了。

10.2.1 课堂案例——设置背景图片尺寸background-size

在CSS3之前，背景图片的尺寸是由图片的实际尺寸决定的。在CSS3中，可以规定背景图片的尺寸，这就允许在不同的环境中重复使用背景图片。

语法：

```
background-size: length|percentage|cover|contain;
```

说明如下。

length：用长度值指定背景图片大小，不允许负值。

percentage：用百分比指定背景图片大小，不允许负值。

cover：将背景图片等比缩放到完全覆盖容器，背景图片有可能超出容器。

contain：将背景图片等比缩放到宽度或高度与容器的宽度或高度相等，背景图片始终包含在容器内。

下面的实例规定背景图片的尺寸，其代码如下。

```
<!doctype html>
<html>
<head>
<meta charset="utf-8">
<style>
body
{
background:url(001.jpg);
background-size:100px 90px;
-moz-background-size:63px 100px;  /* 老版本的
Firefox */
background-repeat:no-repeat;
padding-top:80px;
}
</style>
</head>
<body>
<p>上面是缩小的背景图片。</p>
<p>原始图片：<img src="001.jpg" alt="Flowers"
width="350" height="319"></p>
</body>
</html>
```

图10.7 缩小背景图片尺寸

这里使用background-size:100px 90px;设置了背景图片的显示尺寸，如图10.7所示。

10.2.2 课堂案例——设置背景图片定位区域background-origin

background-origin属性用于规定背景图片的定位区域。

语法：

```
background-origin: padding-box|border-box|content-box;
```

说明如下。

padding-box：背景图片相对于内边距框来定位。

border-box：背景图片相对于边框盒来定位。

content-box：背景图片相对于内容框来定位。

下面的代码是相对于内容框来定位背景图片。

```
div
{
background-image:url('smiley.gif');
background-repeat:no-repeat;
background-position:left;
background-origin:content-box;
}
```

下面通过实例讲述使用背景图片定位区域的方法，其代码如下。

```
<!doctype html>
<html>
<head>
<meta charset="utf-8">
<style>
div{
border:1px solid black;
padding:50px;
background-image:url('001.jpg');
background-repeat:no-repeat;
background-position:left;}
#div1{background-origin:border-box;}
#div2{background-origin:content-box;}
</style>
</head>
<body>
<p>background-origin:border-box</p>
<div id="div1">白石山坐落在河北西部的涞源县境内，这里群山环绕，远离都市，拥有良好的自然生态环境，纯
净清新的空气，凉爽宜人的气候。暑期平均温度只有 21.7 摄氏度。
    白石山山体高大，奇峰林立，具有良好的天然生态环境。地貌景观独特，人文旅游资源丰富，是一个集地质、科
研、教学、观赏、旅游为一体的天然地质公园。</div>
<p>background-origin:content-box</p>
<div id="div2">
    白石山植被茂密，动植物种类繁多，是华北地区物种多样性中心区之一。不少专家认为白石山是一个集黄山之奇、
华山之险、张家界之秀的旅游胜地。白石山不仅山奇而且水美，以高山、峡谷、溪流、瀑布景观为主的十瀑峡景区是白
石山脚下的一条峡谷。</div>
```

```
    </body>
    </html>
```

这里使用 background-origin:border-box;定义背景图片相对于边框盒来定位，使用background-origin:content-box;定义背景图片相对于内容框来定位，如图10.8所示。

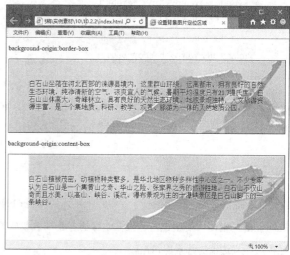

图10.8 背景图片定位区域

10.2.3 课堂案例——设置背景裁剪区域background-clip

background-clip 属性指定了背景在哪些区域可以显示，但与背景开始绘制的位置无关。背景绘制的位置可以出现在不显示背景的区域，这就相当于背景图片被不显示背景的区域裁剪了一部分。

语法：

```
background-clip: border-box|padding-box|content-box;
```

说明如下。

border-box：背景被裁剪到边框盒。

padding-box：背景被裁剪到内边距框。

content-box：背景被裁剪到内容框。

下面介绍background-clip的3个属性值border-box、padding-box、content-box在实际应用中的效果，为了更好地区分它们之间的不同，先创建一个共同的实例，实例的HTML代码如下。

```
<div class="demo"></div>
```

CSS代码如下所示。

```
.demo {width: 350px;
    height: 280px;
    padding: 20px;
    border: 20px dashed rgba(255, 0, 0, 0.8);
    background: green url("pic.jpg") no-repeat;
    font-size: 16px;
    font-weight: bold;
    color: red;    }
```

图10.9 没有应用background-clip属性时的效果

效果如图10.9所示，显示的是在没有应用background-clip属性时的效果。

在前面实例的基础上，在CSS中添加background-box:border-box属性，CSS代码如下。

```
-moz-background-clip: border;
-webkit-background-clip: border-box;
-o-background-clip: border-box;
background-clip: border-box;
```

效果如图10.10所示，可以看出，background-clip取值为border-box时，跟没有设置background-clip 效果是完全一样的，那是因为background-clip的默认值为border-box。

图10.10 设置为border-box的效果

在上面的基础上稍微做一下修改，把刚才的border-box换成padding-box，效果如图10.11 所示。与原来默认状态下有明显的区别，只要超过内边距框边缘的背景都被裁剪掉了，此时的裁剪并不是让背景成比例裁剪，而是直接将超过内边距框边缘的背景剪切掉。

使用同样的方法，把刚才的padding-box换成content-box，效果如图10.12所示。明显背景只在内容区域显示，超过内容边缘的背景直接被裁剪掉了。

图10.11 设置为padding-box的效果

图10.12 设置为content-box的效果

10.3 文本

对于网页设计师而言，文本也同样是不可忽视的因素。一直以来都是使用Photoshop来编辑一些漂亮的样式，并插入文本。同样CSS3也可以搞定这些，甚至效果会更好。CSS3包含多个新的文本特性。

10.3.1 课堂案例——设置文本阴影text-shadow

在CSS3 中，text-shadow属性可向文本应用阴影，可以设置水平阴影、垂直阴影、模糊距离，以及阴影的颜色。

语法：

```
text-shadow: h-shadow v-shadow blur color;
```

说明如下。

text-shadow属性用于向文本添加一个或多个阴影。每个阴影由2~3个长度值和一个可选的颜色值进行规定。

h-shadow：必需，用于设置水平阴影的位置，允许是负值。

v-shadow：必需，用于设置垂直阴影的位置，允许是负值。

blur：可选，用于设置模糊的距离。

color：可选，用于设置阴影的颜色。

下面利用text-shadow属性制作一个文本阴影效果，其代码如下。

```
<!doctype html>
<html>
<head>
<meta charset="utf-8">
<style>
h1
{
text-shadow: 8px 8px 6px #FF0000;
}
</style>
<title>文本阴影</title>
</head>
<body>
<h1>文本阴影效果！</h1>
</body>
</html>
```

这里使用text-shadow: 8px 8px 6px #FF0000;设置了文本的阴影位置和颜色，效果如图10.13所示。

图10.13 文本阴影的效果

10.3.2 课堂案例——设置强制换行word-wrap

word-wrap属性允许长单词或URL地址换行到下一行。

语法：

```
word-wrap: normal|break-word;
```

说明如下。

normal：只在允许的断字点换行（浏览器保持默认处理）。

break-word：在长单词或URL地址内部进行换行。

下面是使用word-wrap属性换行的实例，其代码如下。

```
<!doctype html>
<html>
<head>
```

```
<meta charset="utf-8">
<style>
p. test
{ width:11em;
border:3px  dotted  #009900;
word-wrap:break-word;}
</style>
</head>
<body>
<p class="test">这是个很长的单词：pneumonoultramicroscopicsilicovolcanoconiosis.这个很长的单词将会被
分开并且强制换行</p>
</body>
</html>
```

图10.14所示为没有换行的效果，当使用了word-wrap:break-word;就可以将长单词换行，如图10.15所示。

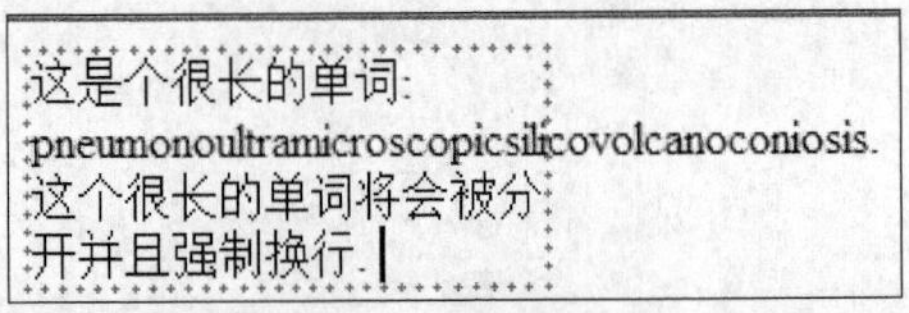

这是个很长的单词：
pneumonoultramicroscopicsilicovolcanoconiosis.
这个很长的单词将会被分
开并且强制换行.

图10.14 没有换行的效果

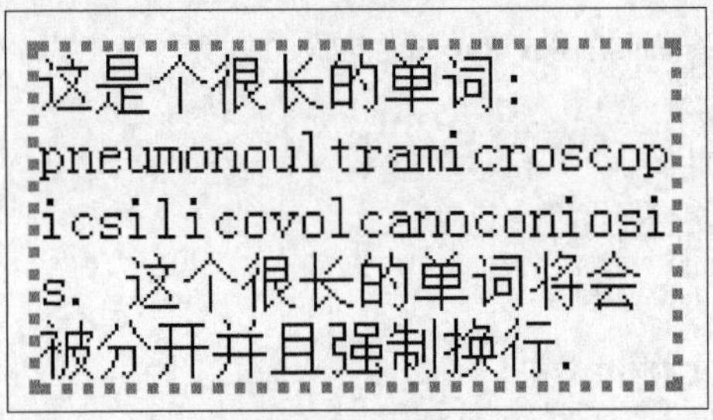

这是个很长的单词：
pneumonoultramicroscop
icsilicovolcanoconiosi
s. 这个很长的单词将会
被分开并且强制换行.

图10.15 长单词换行

10.3.3 课堂案例——设置文本溢出text-overflow

text-overflow属性用于设置或检索是否使用一个省略标记（…）标示对象内文本的溢出。

语法：

```
text-overflow: clip | ellipsis
```

说明如下。

clip：当对象内文本溢出时不显示省略标记（…），而是将溢出的部分裁切掉。

ellipsis：当对象内文本溢出时显示省略标记（…）。

下面通过实例讲述text-overflow属性的使用方法，其代码如下。

```
<!doctype html>
<html>
<head>
<meta charset="utf-8">
<title>text-overflow实例</title>
<style>
.test_clip {
    text-overflow:clip;
    overflow:hidden;
    white-space:nowrap;
    width:224px;
```

```
        background: #FC9;
    }
    .test_ellipsis {
        text-overflow:ellipsis;
        overflow:hidden;
        white-space:nowrap;
        width:224px;
        background:#FC9;
    }
</style>
</head>
<body>
<h2>text-overflow : clip </h2>
  <div class="test_clip">
   不显示省略标记，而是简单地裁切掉
</div>
<h2>text-overflow : ellipsis </h2>
<div class="test_ellipsis">
   当对象内文本溢出时显示省略标记
</div>
</body>
</html>
```

运行代码，结果如图10.16所示。设置text-overflow:clip;时，不显示省略标记，而是简单地裁剪掉多余的文字。设置text-overflow: ellipsis;时，当对象内文本溢出时显示省略标记。

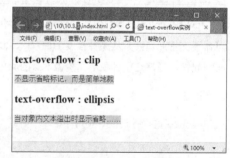

图10.16 text-over ow实例

10.3.4 课堂案例——设置文字描边text-stroke

CSS边框的一个不足就是只有矩形的元素才能使用。text-stroke属性可以为文字添加描边。它不但可以设置文字边框的宽度，也能设置其颜色。

语法：

```
text-stroke：text-stroke-width | text-stroke-color
```

说明如下。

text-stroke-width：设置对象中的文字的描边厚度。

text-stroke-color：设置对象中的文字的描边颜色。

下面通过实例讲述text-stroke属性的使用方法，其代码如下。

```
<!doctype html>
<html>
```

```
<head>
<meta charset="utf-8">
<title>text-stroke实例</title>
<style>
html,body{font:bold 14px/1.5georgia,simsun,
sans-serif;text-align:center;}
.stroke h1{margin:2;padding:15px 0 0;}
.stroke p{ margin:50px auto 100px;font-
size:100px;
    -webkit-text-stroke:3px #F00;}
</style>
</head>
<body>
<div class="stroke">
    <h1>text-stroke描边文字：</h1>
    <p>我被描了3像素红边</p>
</div>
</body>
</html>
```

图10.17 描边厚度和颜色效果

这里使用text-stroke:3px #F00;设置了段落中的文字的描边厚度和颜色，如图10.17所示。

10.3.5 课堂案例——设置文本填充颜色text-fill-color

text-fill-color是CSS3中的属性，表示文字颜色填充，其实现的效果基本上与color一样，目前仅在webkit核心的浏览器下支持此属性。从某种程度上讲，text-fill-color与color属性的作用基本上是一样的，如果同时设置color与text-fill-color属性，显然是用颜色填充覆盖本身的颜色，也就是文字只显示text-fill-color设置的颜色。

语法：

```
text-fill-color: color
```

说明如下。

color：指定文字的填充颜色。

下面通过实例讲述text-fill-color的使用，其代码如下。

```
<!doctype html>
<html>
<head>
<meta charset="utf-8">
<title>text-fill-color实例</title>
<style>
html,body{margin:50px 0;}
.text-fill-color{
    width:600px;
    margin:0 auto;
    background:-webkit-linear-gradient(top,#eee,#aaa 50%,#333 51%,#000);
    -webkit-background-clip:text;
    -webkit-text-fill-color:transparent ;
    font:bold 80px/1.231 georgia,sans-serif;
```

```
        text-transform:uppercase;
    }
    </style>
    </head>
    <body>
    <div class="text-fill-color">文本填充颜色</
div>
    </body>
    </html>
```

这里使用text-fill-color:transparent;设置文本填充颜色
为透明，在浏览器中浏览，效果如图10.18所示。

图10.18 文本填充颜色的效果

10.4 多列

CSS3能够创建多个列来对文本进行布局，就像报纸那样！在本节中，将学习如下有关创建多列的属性：column-count、column-width、column-gap、column-rule。

10.4.1 课堂案例——创建多列column-count

column-count属性规定元素应该被分隔的列数。

语法：

```
column-count: number|auto;
```

说明如下。

number：元素内容将被划分的最佳列数。

auto：由其他属性决定列数，如column-width。

使用如下代码将文本分为3列。

```
div
{
-moz-column-count:3; /* Firefox */
-webkit-column-count:3; /* Safari 和 Chrome */
column-count:3;
}
```

下面通过实例讲述column-count属性的使用，其代码如下。

```
<!doctype html>
<html>
<head>
<meta charset="utf-8">
<style>
.newspaper
{-moz-column-count:3; /* Firefox */
-webkit-column-count:3; /* Safari and Chrome */
```

```
column-count:3;}
</style>
</head>
<body>
<div class="newspaper">大江东去，浪淘尽，千古风流人物。<br>
   故垒西边，人道是，三国周郎赤壁。<br>
   乱石穿空，惊涛拍岸，卷起千堆雪。<br>
   江山如画，一时多少豪杰。<br>
   遥想公瑾当年，小乔初嫁了，雄姿英发。<br>
   羽扇纶巾，谈笑间，樯橹灰飞烟灭。<br>
   故国神游，多情应笑我，早生华发。<br>
人生如梦，一尊还酹江月。</div>
</body>
</html>
```

这里使用column-count:3;将整段文字分成3列，如图10.19所示。

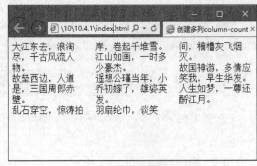

图10.19 将整段文字合成3列

10.4.2 课堂案例——设置列的宽度column-width

column-width属性用于设置对象每列的宽度。

语法：

```
column-width: length | auto
```

说明如下。

length：用长度值来定义列宽。

auto：根据column-count自定分配宽度，为默认值。

下面通过实例讲述column-width属性的使用方法，其代码如下。

```
<!doctype html>
<html>
<head>
<meta charset="utf-8">
<style>
.newspaper
{-moz-column-width:100px; /* Firefox */
-webkit-column-width:100px; /* Safari and Chrome */
column-width:100px;}
```

```
  </style>
  </head>
  <body>
  <div class="newspaper">大江东去，浪淘尽，千古风流人物。<br>
     故垒西边，人道是，三国周郎赤壁。<br>
     乱石穿空，惊涛拍岸，卷起千堆雪。<br>
     江山如画，一时多少豪杰。<br>
     遥想公瑾当年，小乔初嫁了，雄姿英发。<br>
     羽扇纶巾，谈笑间，樯橹灰飞烟灭。<br>
     故国神游，多情应笑我，早生华发。<br>
  人生如梦，一尊还酹江月。</div>
  </body>
  </html>
```

这里使用column-width:100px;设置每列的宽度，左右拖曳改变浏览器的宽度，可以看到每列宽度都是固定的100px，如图10.20和图10.21所示。

图10.20 宽度固定

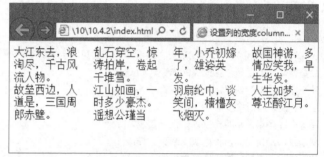

图10.21 浏览器变宽但宽度固定

10.4.3 课堂案例——设置列的间隔column-gap

column-gap属性用于设置列之间的间隔。

语法：

```
column-gap: length|normal;
```

说明如下。

length：把列间的间隔设置为指定的长度。

normal：规定列间间隔为一个常规的间隔。

下面的代码规定了列间的间隔为50像素。

```
div
{
-moz-column-gap:50px; /* Firefox */
-webkit-column-gap:50px; /* Safari 和 Chrome */
```

```
column-gap:50px;
}
```

下面通过实例讲述column-gap属性的使用，其代码如下。

```
<!doctype html>
<html>
<head>
<meta charset="utf-8">
<style>
.newspaper
{-moz-column-count:3; /* Firefox */
-webkit-column-count:3; /* Safari and Chrome */
column-count:3;
-moz-column-gap:50px; /* Firefox */
-webkit-column-gap:50px; /* Safari and Chrome */
column-gap:50px;}
</style>
</head>
<body>
<div class="newspaper">大江东去，浪淘尽，千古风流人物。<br>
    故垒西边，人道是，三国周郎赤壁。<br>
    乱石穿空，惊涛拍岸，卷起千堆雪。<br>
    江山如画，一时多少豪杰。<br>
    遥想公瑾当年，小乔初嫁了，雄姿英发。<br>
    羽扇纶巾，谈笑间，樯橹灰飞烟灭。<br>
    故国神游，多情应笑我，早生华发。<br>
人生如梦，一尊还酹江月。
</div>
</body>
</html>
```

这里使用column-gap:50px;设置每列的间隔是50px，左右拖曳改变浏览器的宽度，可以看到每列的间隔都是固定的50px，如图10.22和图10.23所示。

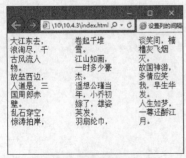

图10.22 每列的间隔是50px

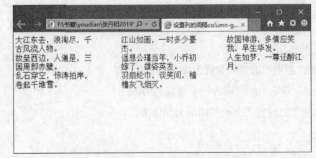

图10.23 改变浏览器的宽度，每列的间隔还是50px

10.4.4 课堂案例——设置列的规则column-rule

column-rule属性用于设置列之间的宽度、样式和颜色规则。

语法：

```
column-rule: column-rule-width column-rule-style column-rule-color;
```

说明如下。

column-rule-width：设置列之间的宽度规则。

column-rule-style：设置列之间的样式规则。

column-rule-color：设置列之间的颜色规则。

下面的代码规定了列之间的宽度、样式和颜色规则。

```
div
{-moz-column-rule:3px outset #ff00ff; /* Firefox */
-webkit-column-rule:3px outset #ff00ff; /* Safari 和 Chrome */
column-rule:3px outset #ff00ff;}
```

下面通过实例讲述column-rule属性的使用方法，其代码如下。

```
<!doctype html>
<html>
<head>
<meta charset="utf-8">
<style>
.newspaper
{-moz-column-count:3; /* Firefox */
-webkit-column-count:3; /* Safari and Chrome */
column-count:3;
-moz-column-gap:50px; /* Firefox */
-webkit-column-gap:50px; /* Safari and Chrome */
column-gap:50px;
-moz-column-rule:4px outset #ff0000; /* Firefox */
-webkit-column-rule:4px outset #ff0000; /* Safari and Chrome */
column-rule:4px outset #ff0000;}
</style>
</head>
<body>
<div class="newspaper">大江东去，浪淘尽，千古风流人物。<br>
    故垒西边，人道是，三国周郎赤壁。<br>
    乱石穿空，惊涛拍岸，卷起千堆雪。<br>
    江山如画，一时多少豪杰。<br>
    遥想公瑾当年，小乔初嫁了，雄姿英发。<br>
    羽扇纶巾，谈笑间，樯橹灰飞烟灭。<br>
    故国神游，多情应笑我，早生华发。<br>
人生如梦，一尊还酹江月。
</div>
</body>
</html>
```

这里使用column-rule:4px outset #ff0000;设置了列之间的宽度、样式和颜色规则，如图10.24所示。

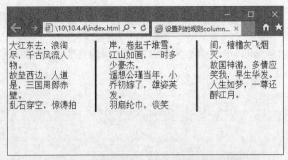

图10.24 设置列间的宽度、样式和颜色规则的效果

10.5 转换变形

transform在字面上的意思就是变形、转换。在CSS3中transform主要包括4种：旋转、扭曲、缩放和移动。

10.5.1 课堂案例——设置移动translate()

元素通过translate()方法，根据给定的left（x坐标）和top（y坐标）位置参数，可以从其当前位置移动。

移动分为如下3种情况。

translate(x,y)：水平方向和垂直方向同时移动（也就是x轴和y轴同时移动）。

translateX(x)：仅水平方向移动（x轴移动）。

translateY(Y)：仅垂直方向移动（y轴移动）。

例如，下面的translate(50px,100px)把元素从左侧向右侧移动50像素，从顶端向底端移动100像素。

```
div
{transform: translate(50px, 100px);
-ms-transform: translate(50px,100px);       /* IE 9 */
-webkit-transform: translate(50px,100px);   /* Safari and Chrome */
-o-transform: translate(50px,100px);        /* Opera */
-moz-transform: translate(50px,100px);      /* Firefox */}
```

下面通过实例讲述translate()方法的使用，其代码如下。

```
<!doctype html>
<html>
<head>
<meta charset="utf-8">
<style>
div
{width:150px;
height:100px;
background-color: #3F9;
border:3px solid red;}
div#div2{transform:translate(100px,100px);
-ms-transform:translate(100px,100px); /* IE 9 */
-moz-transform:translate(100px,100px); /* Firefox */
-webkit-transform:translate(100px,100px); /* Safari and Chrome */
-o-transform:translate(100px,100px); /* Opera */}
```

```
</style>
</head>
<body>
<div>这是div的原始位置。</div>
<div id="div2">这是移动后的第二个div的位置。</div>
</body>
</html>
```

这里使用transform:translate(100px,100px);将div从左侧向右侧移动100像素，从顶端向底端移动100像素，如图10.25所示。

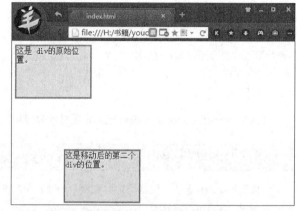

图10.25　通过translate()方法移动位置

10.5.2　课堂案例——设置旋转rotate()

rotate()方法通过指定的角度参数对原元素指定一个2D旋转，如果设置的值为正数表示顺时针旋转，如果设置的值为负数，则表示逆时针旋转。

例如，下面的代码rotate(30deg)会把元素顺时针旋转30°。

```
div{
transform: rotate(30deg);
-ms-transform: rotate(30deg);        /* IE 9 */
-webkit-transform: rotate(30deg);    /* Safari and Chrome */
-o-transform: rotate(30deg);         /* Opera */
-moz-transform: rotate(30deg);       /* Firefox */
}
```

下面通过实例讲述rotate()方法的使用，其代码如下。

```
<!doctype html>
<html>
<head>
<meta charset="utf-8">
<style>
div{
width:150px;
height:100px;
background-color: #3F9;
border:3px solid red;}
div#div2{
transform:rotate(30deg);
```

```
    -ms-transform:rotate(30deg); /* IE 9 */
    -moz-transform:rotate(30deg); /* Firefox */
    -webkit-transform:rotate(30deg); /* Safari
and Chrome */
    -o-transform:rotate(30deg); /* Opera */}
</style>
<title>设置旋转rotate()</title>
</head>
<body>
<div>这是 div的原始位置。</div>
<div id="div2">这是rotate(30deg)把元素顺时针
旋转30°后的div的位置。</div>
</body>
</html>
```

图10.26 通过rotate()方法旋转

这里使用transform:rotate(30deg);把元素顺时针旋转30°，改变div的位置，如图10.26所示。

10.5.3 课堂案例——设置缩放scale()

可以通过scale()方法，根据给定的宽度（x 轴）和高度（y 轴）参数，使元素的尺寸增加或减少。缩放和移动是极其相似的，也具有3种情况：scale(x,y)使元素在水平方向和垂直方向同时缩放（也就是x轴和y轴同时缩放）；scaleX(x)元素在仅水平方向缩放（x轴缩放）；scaleY(y)元素仅在垂直方向缩放（y轴缩放），但它们具有相同的缩放中心点和基数，其中心点就是元素的中心位置，缩放基数为1，如果其值大于1，元素就放大；其值小于1，元素缩小。

例如，scale(2,3)表示把宽度转换为原始尺寸的2倍，把高度转换为原始高度的3倍。

```
div{transform: scale(2,3);
-ms-transform: scale(2,3);     /* IE 9 */
-webkit-transform: scale(2,3); /* Safari 和 Chrome */
-o-transform: scale(2,3); /* Opera */
-moz-transform: scale(2,3); /* Firefox */}
```

下面通过实例讲述scale()方法的使用，其代码如下。

```
<!doctype html>
<html>
<head>
<meta charset="utf-8">
<style>
div{width:160px;
height:100px;
background-color: #3F9;
border:3px solid red;}
div#div2{margin:100px;
transform:scale(2,3);
-ms-transform:scale(2,3); /* IE 9 */
-moz-transform:scale(2,3); /* Firefox */
-webkit-transform:scale(2,3); /* Safari and Chrome */
-o-transform:scale(2,3); /* Opera */}
</style>
</head>
```

```
<body>
<div>这是 div的原始位置。</div>
<div id="div2">transform:scale(2,3)把元素宽度
转换为原始的2倍，把高度转换为原始的3倍。</div>
</body>
</html>
```

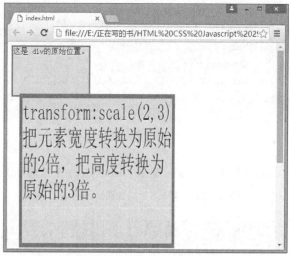

这使用 transform:scale(2,3);把元素宽度转换为原始的
2倍，把高度转换为原始的3倍，如图10.27所示。

图10.27　把宽度转换为原始的2倍，把高度转换为原始的3倍

10.5.4　课堂案例——设置扭曲skew()

扭曲 skew 和移动、缩放一样，同样具有3种情况：skew(x, y)使元素在水平和垂直方向同时扭曲（x轴和y轴同时按一定的角度值进行扭曲变形）；skewX(x)仅使元素在水平方向扭曲变形（x轴扭曲变形）；skewY(y)仅使元素在垂直方向扭曲变形（y轴扭曲变形）。x值为正值时，x轴顺时针旋转；y值为正值时，y轴逆时针旋转，元素显示则恰好相反。

例如，skew(30deg,40deg)把元素围绕x轴逆时针翻转30°，围绕y轴顺时针翻转40°。

```
div
{transform: skew(30deg,40deg);
-ms-transform: skew(30deg,40deg);     /* IE 9 */
-webkit-transform: skew(30deg,40deg); /* Safari and Chrome */
-o-transform: skew(30deg,40deg); /* Opera */
-moz-transform: skew(30deg,40deg); /* Firefox */}
```

下面通过实例讲述skew()方法的使用，其代码如下。

```
<!doctype html>
<html>
<head>
<meta charset="utf-8">
<style>
div{
width:150px;
height:100px;
background-color: #3F9;
border:3px solid red;}
div#div2{transform:skew(10deg,5deg);
-ms-transform:skew(10deg,5deg); /* IE 9 */
-moz-transform:skew(10deg,5deg); /* Firefox */
-webkit-transform:skew(10deg,5deg); /* Safari and Chrome */
-o-transform:skew(10deg,5deg); /* Opera */}
</style>
```

```
<title>设置扭曲skew()</title>
</head>
<body>
<div>这是div的原始位置。</div>
<div id="div2">把元素围绕x轴逆时针翻转10°，围绕y轴顺时针翻
转5°。</div>
</body>
</html>
```

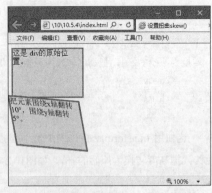

这里使用transform:skew(10deg,5deg);把元素围绕*x*轴逆时针翻转10°，围绕*y*轴顺时针翻转5°，如图10.28所示。

图10.28 把元素围绕*x*轴翻转10°，围绕*y*轴翻转5°

10.5.5 课堂案例——设置矩阵matrix()

matrix()方法是把所有2D转换方法组合在一起。matrix()方法需要6个参数，包含数学函数，允许旋转、缩放、移动和倾斜元素，相当于直接应用一个变换矩阵。

下面通过实例讲述 matrix()方法的使用，其代码如下。

```
<!doctype html>
<html>
<head>
<meta charset="utf-8">
<style>
div{width:150px;
height:100px;
background-color: #3F9;
border:3px solid red;}
div#div2{transform:matrix(0.866,0.5,-0.5,0.866,0,0);
-ms-transform:matrix(0.866,0.5,-0.5,0.866,0,0);        /* IE 9 */
-moz-transform:matrix(0.866,0.5,-0.5,0.866,0,0);       /* Firefox */
-webkit-transform:matrix(0.866,0.5,-0.5,0.866,0,0); /* Safari and Chrome */
-o-transform:matrix(0.866,0.5,-0.5,0.866,0,0);         /* Opera */</style>
<title>设置矩阵</title>
</head>
<body>
<div>这是 div的原始位置。</div>
<div id="div2">使用matrix()方法将div元素顺时针旋转30°。</div>
</body>
</html>
```

这里使用了matrix()方法将div元素顺时针旋转 30°，如图10.29所示。

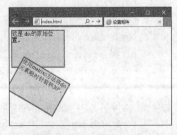

图10.29 将div元素旋转30°

10.6 过渡

CSS3的"过渡"（transition）属性能在Web制作中实现一些简单的动画效果，让某些效果变得更具流线性、平滑性。

语法：

```
transition: property duration timing-function delay;
```

说明如下。

transition-property：设置过渡效果的CSS属性的名称。

transition-duration：规定完成过渡效果需要多少秒或毫秒。

transition-timing-function：规定速度效果的速度曲线。

transition-delay：定义过渡效果何时开始。

例如，应用于宽度属性的过渡效果，时长为2秒，其代码如下。

```
div
{
transition: width 2s;
-moz-transition: width 2s;   /* Firefox 4 */
-webkit-transition: width 2s; /* Safari 和 Chrome */
-o-transition: width 2s;   /* Opera */
}
```

下面的实例把鼠标指针放到div元素上，其宽度会从200px逐渐变为350px，其代码如下。

```
<!doctype html>
<html>
<head>
<meta charset="utf-8">
<style>
div
{ width:200px;
height:150px;
background:green;
transition:width 3s;
-moz-transition:width 3s; /* Firefox 4 */
-webkit-transition:width 3s; /* Safari and Chrome */
-o-transition:width 3s; /* Opera */}
div:hover
{width:350px;}
</style>
</head>
<body>
<div></div>
<p>把鼠标指针移动到绿色的div元素上，就可以看到过渡效果。</p>
</body>
</html>
```

可以通过CSS3在不使用Flash动画或JavaScript的情况下，当元素从一种样式变换为另一种样式时为元素添加效果。当把鼠标指针移动到绿色的div元素上，就可以看到过渡效果，如图10.30和图10.31所示。

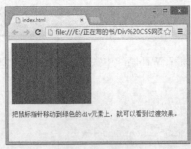

图10.30 原始效果

图10.31 过渡后效果

10.7 课堂练习

CSS3是现在Web开发领域的技术热点，它给Web开发带来了革命性的影响。下面介绍CSS3应用的例子，从中能体会到CSS3中许多让人欣喜的特性。

10.7.1 课堂练习1——鼠标指针放上去显示全部内容

下面制作一个当鼠标指针移动到文字上时显示全篇文章内容的实例，其代码如下。

```
<!doctype html>
<html>
<head>
<meta charset="utf-8">
<title>text-overflow</title>
<meta charset="utf-8" />
<style>
.box {text-overflow:ellipsis;
     -o-text-overflow:ellipsis;
     overflow:hidden;
     white-space:nowrap;
     border:1px solid #000;
     width:400px;
     padding:20px;
     color:rgba(0, 0, 0, .7);
     cursor:pointer;}
.box:hover {white-space:normal;
     color:rgba(0, 0, 0, 1);
     background:#e3e3e3;
     border:1px solid #666;}
</style>
</head>
<body>
<div class="box">
大江东去，浪淘尽，千古风流人物。
故垒西边，人道是，三国周郎赤壁。
乱石穿空，惊涛拍岸，卷起千堆雪。
江山如画，一时多少豪杰。
遥想公瑾当年，小乔初嫁了，雄姿英发。
羽扇纶巾，谈笑间，樯橹灰飞烟灭。
```

故国神游，多情应笑我，早
生华发。

人生如梦，一尊还酹江月。
```
</div>
</body>
</html>
```

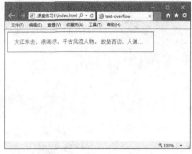

图10.32 文本溢出时显示省略号

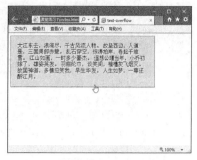

图10.33 鼠标指针放上去显示全部内容

这里使用text-over ow:ellipsis;设置了文本溢出时显示省略号，如图10.32所示。并且定义了当鼠标指针放上去时显示全部文本，如图10.33所示。

10.7.2 课堂练习2——美观的图片排列

本例演示如何排列美观的图片，并旋转图片，代码如下所示。

```
<!doctype html>
<html>
<head>
<meta charset="utf-8">
<style>
body
{margin:30px;
background-color:#E9E9E9;}
div.polaroid
{width:410px;
padding:10px 10px 20px 10px;
border:2px solid #BFBFBF;
background-color:white;
/* 添加盒子阴影 */
box-shadow:4px 4px 4px #aaaaaa;}
div.rotate_left
{float:left;
-ms-transform:rotate(7deg); /* IE 9 */
-moz-transform:rotate(7deg); /* Firefox */
-webkit-transform:rotate(7deg); /* Safari and Chrome */
-o-transform:rotate(7deg); /* Opera */
transform:rotate(7deg);}
div.rotate_right
{float:left;
-ms-transform:rotate(-8deg); /* IE 9 */
-moz-transform:rotate(-8deg); /* Firefox */
-webkit-transform:rotate(-8deg); /* Safari and Chrome */
-o-transform:rotate(-8deg); /* Opera */
transform:rotate(-8deg);}
</style>
</head>
<body>
```

```
<div class="polaroid rotate_left">
<img src="001.jpg"  width="400" height="400"
/>
<p class="caption">满山遍野的花儿，蓝天白云</p>
</div>
<div class="polaroid rotate_right">
<img src="002.jpg"  width="400" height="400"
/>
<p class="caption">黄色的花儿开的多美啊</p>
</div>
</body>
</html>
```

这里分别使用transform:rotate(7deg);和transform:rotate(-8deg);对图片进行顺时针旋转和逆时针旋转，如图10.34所示。

图10.34 美观的图片排列

10.8 本章小结

CSS3极大地简化了CSS的编程模型，它不仅对已有的功能进行了扩展和延伸，而且更多的是对Web UI的设计理念和方法进行了革新。在未来，CSS3配合HTML5标准，将掀起一场新的Web应用变革，甚至是整个互联网产业的变革。

10.9 课后习题

1. 填空题

（1）_____可以说是CSS3中的重量级属性，从字面意思上看，可以理解为"边框图片"，也就是使用图片作为边框，这样一来边框的样式就不像以前只有实线、虚线、点状线单调了。设置CSS3的_____属性，可以使用图片来创建边框。

（2）_____属性指定了背景在哪些区域可以显示，但与背景开始绘制的位置无关，背景的绘制的位置可以出现在不显示背景的区域，这时就相当于背景图片被不显示背景的区域裁剪了一部分。

（3）CSS边框的一个不足就是只有矩形的元素才能使用。_____属性可以为文字添加描边。它不但可以设置文字边框的宽度，也能设置其颜色。

（4）以前给一个块元素设置阴影，只能通过给该块级元素设置背景来实现，当然在IE浏览器下还可以通过微软的shadow滤镜来实现，不过也只在IE下有效，那它的兼容性也就可想而知了。但是CSS3的_____属性的出现使这一问题变得简单了。

2. 操作题

制作图10.35所示的排列美观的图片。

图10.35 排列美观的图片

第**11**章

CSS盒子模型与布局入门

CSS + Div是网站标准中常用的术语之一，CSS和Div的结构被越来越多的人采用。很多人都抛弃了表格而使用CSS来布局页面，这样可以使结构简洁，定位更灵活。CSS布局的最终目的是搭建完善的页面架构。通常在XHTML网站设计标准中，不再使用表格定位技术，而是采用CSS+Div的方式来实现各种定位。

─────────────── 学习目标 ───────────────

- 认识盒子模型
- 掌握外边距、内边距和边框
- 掌握CSS布局理念

11.1 认识盒子模型

CSS盒子是装东西的，例如要将文字内容、图片布局到网页中，就需要像盒子一样的东西将其装着。这个时候需要对其对象设置CSS高度、CSS宽度、CSS边框、CSS边距、填充，即实现盒子模型。

如果想熟练掌握Div和CSS的布局方法，首先要对盒子模型有足够的了解。盒子模型是CSS布局网页时非常重要的概念，只有很好地掌握了盒子模型以及其中每个元素的使用方法，才能真正准确地布局网页中各个元素的位置。

页面中的所有元素都可以被看作是一个装了东西的盒子，盒子里面的内容到盒子的边框之间的距离即内边距（padding），盒子本身有边框（border），而盒子边框外和其他盒子之间，还有外边距（margin）。

一个盒子由4个独立部分组成，如图11.1所示。

第一部分是最外面的外边距（margin）。

第二部分是边框（border），边框可以有不同的样式。

第三部分是内边距（padding），用来填充义内容区域与边框（border）之间的空白。

第四部分是内容区域。

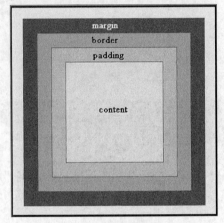

内边距、边框和外边距都分为"上、右、下、左"4个方向，既可以分别定义，也可以统一定义。当使用CSS定义盒子的width和height时，定义的并不是内容区域、内边距、边框和外边距所占的总区域，实际上定义的是内容区域content的width和height。为了计算盒子所占的实际区域，必须加上padding、border和margin。

图11.1 盒子模型图

实际宽度=左外边距+左边框+左内边距+内容宽度（width）+右内边距+右边框+右外边距。

实际高度=上外边距+上边框+上内边距+内容高度（height）+下内边距+下边框+下外边距。

例如，假设框的每个边上有10像素的外边距和5像素的内边距。如果希望这个元素框大小达到100像素，就需要将内容的宽度设置为70像素，如图 11.2 所示。

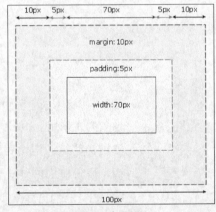

```
#box {  width: 70px;
    margin: 10px;
    padding: 5px;}
```

图11.2 盒子实例

11.2 外边距

围绕在元素边框的空白区域是外边距。设置外边距会在元素外创建额外的"空白"。设置外边距的最简单的方法就是使用margin属性，这个属性接受任何长度单位、百分数值甚至负值。

margin属性可以设置为auto。更常见的做法是为外边距设置长度值。下面的代码在img元素的各个边上设置了0.25px宽的外边距。

```
img {margin：0.25px;}
```

下面的例子为img元素的4条边分别定义了不同的外边距，所使用的长度单位是像素(px)。

```
img {margin : 10px 0px 15px 5px;}
```

11.2.1　课堂案例——设置上外边距margin-top

上外边距也叫顶端边距，使用margin-top属性可以设置元素的上边界。margin-top属性取值可以使用长度值或百分比。

语法：

```
margin-top: 边距值
```

说明：margin-top的取值范围如下。

长度值相当于设置顶端的绝对边距值，包括数字和单位。

百分比是设置相对于上级元素的宽度的百分比，允许使用负值。

auto是自动取边距值，即元素的默认值。

举例：

```
<!doctype html>
<html>
<head>
<meta charset="utf-8">
<style type="text/css">
p.topmargin {margin-top: 5cm}
</style>
</head>
<body>
<p>这个段落没有指定外边距。</p>
<p class="topmargin">这个段落带有指定的上外边距。</p>
</body>
</html>
```

设置上外边距后，在浏览器中浏览，效果如图11.3所示。

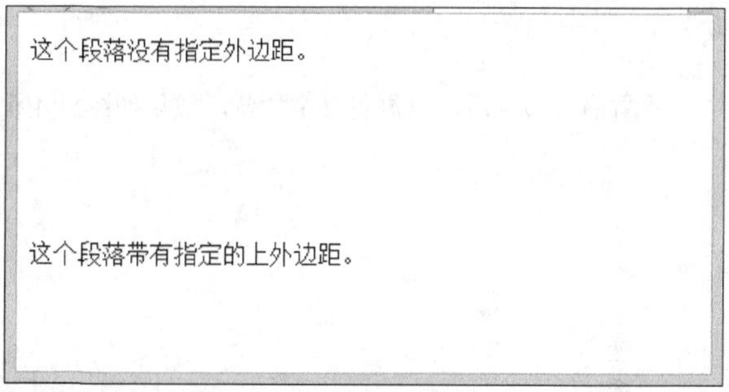

这个段落没有指定外边距。

这个段落带有指定的上外边距。

图11.3　上外边距效果

11.2.2　课堂案例——设置右外边距margin-right

使用margin-right属性可以设置元素的上边界，其取值可以使用长度值或百分比。

语法：

```
margin-right: 边距值
```

说明：margin-right的取值范围如下。

长度值相当于设置右侧的绝对边距值，包括数字和单位。

百分比是设置相对于上级元素的宽度的百分比，允许使用负值。

auto是自动取边距值，即元素的默认值。

举例：

```
<!doctype html>
<html>
<head>
<meta charset="utf-8">
<style type="text/css">
p.rightmargin {margin-right: 4cm}
</style>
</head>
<body>
<p><strong>这个段落没有指定外边距。</strong></p>
<p>敲碎离愁，纱窗外、风摇翠竹。人去后、吹箫声断，倚楼人独。满眼不堪三月暮，举头已觉千山绿。但试将、一纸寄来书，从头读。相思字，空盈幅。相思意，何时足。滴罗襟点点，泪珠盈掬。芳草不迷行客路，垂杨只碍离人目。最苦是、立尽月黄昏，栏干曲。</p>
<p> </p>
<p class="rightmargin"><strong>这个段落带有指定的右外边距。</strong></p>
<p class="rightmargin">敲碎离愁，纱窗外、风摇翠竹。人去后、吹箫声断，倚楼人独。满眼不堪三月暮，举头已觉千山绿。但试将、一纸寄来书，从头读。相思字，空盈幅。相思意，何时足。滴罗襟点点，泪珠盈掬。芳草不迷行客路，垂杨只碍离人目。最苦是、立尽月黄昏，栏干曲。</p>
</body>
</html>
```

设置右外边距后，在浏览器中浏览，效果如图11.4所示。

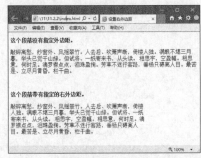

图11.4 右外边距效果

11.2.3 课堂案例——设置下外边距margin-bottom

使用margin-bottom属性可以设置元素的下边界，其取值可以使用长度值或百分比。

语法：

```
margin-bottom: 边距值
```

说明：margin-bottom的取值范围如下。

长度值相当于设置底端的绝对边距值，包括数字和单位。

百分比是设置相对于上级元素的宽度的百分比，允许使用负值。

auto是自动取边距值，即元素的默认值。

举例：

```
<!doctype html>
<html>
<head>
<meta charset="utf-8">
<style type="text/css">
p.rightmargin {margin-bottom: 4cm}
</style>
</head>
<body>
<p><strong>这个段落没有指定外边距。</strong></p>
<p>敲碎离愁，纱窗外、风摇翠竹。人去后、吹箫声断，倚楼人独。满眼不堪三月暮，举头已觉千山绿。但试将、一纸寄来书，从头读。相思字，空盈幅。相思意，何时足。滴罗襟点点，泪珠盈掬。芳草不迷行客路，垂杨只碍离人目。最苦是、立尽月黄昏，栏干曲。</p>
<p> </p>
<p ><strong>这个段落带有指定的下外边距。</strong></p>
<p class="rightmargin">敲碎离愁，纱窗外、风摇翠竹。人去后、吹箫声断，倚楼人独。满眼不堪三月暮，举头已觉千山绿。但试将、一纸寄来书，从头读。相思字，空盈幅。相思意，何时足。滴罗襟点点，泪珠盈掬。芳草不迷行客路，垂杨只碍离人目。最苦是、立尽月黄昏，栏干曲。</p>
</body>
</html>
```

设置下外边距后，在浏览器中浏览，效果如图11.5所示。

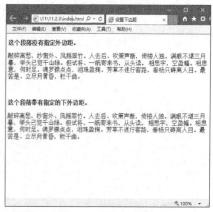

图11.5 下外边距效果

11.2.4 课堂案例——设置左外边距margin-left

使用margin-left属性可以设置元素的左边界，其取值可以使用长度值或百分比。

语法：

```
margin-left: 边距值
```

说明：margin-left 的取值范围如下。

长度值相当于设置左侧的绝对边距值，包括数字和单位。

百分比是设置相对于上级元素的宽度的百分比，允许使用负值。

auto是自动取边距值，即元素的默认值。

举例：

```
<!doctype html>
<html>
<head>
<meta charset="utf-8">
<style type="text/css">
p.rightmargin {margin-left: 4cm}
</style>
</head>
<body>
<p><strong>这个段落没有指定外边距。</strong></p>
<p>敲碎离愁，纱窗外、风摇翠竹。人去后、吹箫声断，倚楼人独。满眼不堪三月暮，举头已觉千山绿。但试将、
一纸寄来书，从头读。相思字，空盈幅。相思意，何时足。滴罗襟点点，泪珠盈掬。芳草不迷行客路，垂杨只碍离人
目。最苦是、立尽月黄昏，栏干曲。</p>
<p> </p>
<p class="rightmargin"><strong>这个段落带有指定的左外边距。</strong></p>
<p class="rightmargin">敲碎离愁，纱窗外、风摇翠竹。人去后、吹箫声断，倚楼人独。满眼不堪三月暮，举头
已觉千山绿。但试将、一纸寄来书，从头读。相思字，空盈幅。相思意，何时足。滴罗襟点点，泪珠盈掬。芳草不迷行
客路，垂杨只碍离人目。最苦是、立尽月黄昏，栏干曲。</p>
</body>
</html>
```

设置左外边距后，在浏览器中浏览，效果如图11.6所示。

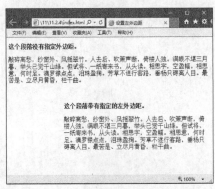

图11.6 左外边距效果

11.3 内边距

元素的内边距在边框和内容区域之间。控制该区域最简单的属性是padding属性。CSS中的padding属性用于定义
元素边框与元素内容之间的空白区域。

11.3.1 课堂案例——设置上内边距padding-top

padding-top属性用于设置元素的上内边距。

语法：

```
padding-top:数值
```

说明：数值可以设置为长度值或百分比。其中，百分比不能使用负数。

举例：

```
<!doctype html>
<html>
<head>
<meta charset="utf-8">
<style type="text/css">
td {padding-top: 3cm}
</style>
</head>
<body>
<table border="1">
<tr>
<td >
这个表格单元拥有3cm的上内边距。
</td>
</tr>
</table>
</body>
</html>
```

图11.7 上内边距效果

设置上内边距后，在浏览器中浏览，效果如图11.7所示。

11.3.2 课堂案例——设置右内边距padding-right

padding-right属性用于设置元素的右内边距。

语法：

```
padding-right:数值
```

说明：数值可以设置为长度值或百分比。其中，百分比不能使用负数。

举例：

```
<!doctype html>
<html>
<head>
<meta charset="utf-8">
<style type="text/css">
td {padding-right: 3cm}
</style>
</head>
<body>
<table border="1">
<tr>
<td >
这个表格单元拥有3cm的右内边距。
</td>
</tr>
```

```
    </table>
    </body>
    </html>
```

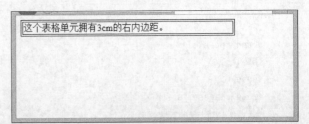

设置右内边距后，在浏览器中浏览，效果如图11.8
所示。

图11.8 右内边距效果

11.3.3 课堂案例——设置下内边距padding-bottom

padding-bottom属性用于设置元素的下内边距。

语法：

```
padding-bottom:数值
```

说明：数值可以设置为长度值或百分比。其中，百分比不能使用负数。

举例：

```
<!doctype html>
<html>
<head>
<meta charset="utf-8">
<style type="text/css">
td {padding-bottom: 3cm}
</style>
</head>
<body>
<table border="1">
<tr>
<td >
这个表格单元拥有3cm的下内边距。
</td>
</tr>
</table>
</body>
</html>
```

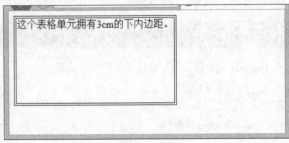

图11.9 下内边距效果

设置下内边距后，在浏览器中浏览，效果如图11.9所示。

11.3.4 课堂案例——设置左内边距padding-left

padding-left属性用于设置元素的左内边距。

语法：

```
padding-left:数值
```

说明：数值可以设置为长度值或百分比。其中，百分比不能使用负数。

举例：

```
<!doctype html>
<html>
<head>
<meta charset="utf-8">
<style type="text/css">
td {padding-left: 3cm}
</style>
</head>
<body>
<table border="1">
<tr>
<td >
这个表格单元拥有3cm的左内边距。
</td>
</tr>
</table>
</body>
</html>
```

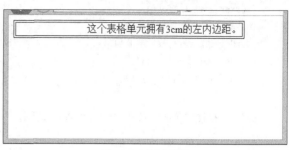

图11.10　左内边距效果

设置左内边距后，在浏览器中浏览，效果如图11.10所示。

11.4 边框

边框中有3个属性：一是边框宽度属性，用于设置边框的宽度；二是边框颜色属性，用于设置边框的颜色；三是边框样式属性，用于设置边框的样式。

11.4.1 课堂案例——设置边框样式border-style

使用border-style属性可以定义边框的风格样式，这个属性必须用于指定可见的边框。

1. 定义多种样式

border-style属性可以为一个边框定义多个样式，举例如下。

```
p.aside {border-style: solid dotted dashed double;}
```

上面这条规则为类名为aside的段落定义了4种边框样式：实线上边框、点线右边框、虚线下边框和一个双线左边框。

2. 定义单边样式

如果希望为元素框的某一条边设置边框样式，而不是设置所有4条边的边框样式，可以使用下面的单边边框样式属性。

- border-top-style。
- border-right-style。

- border-bottom-style。
- border-left-style。

语法：

```
border-style: 样式值
border-top-style: 样式值
border-right-style: 样式值
border-bottom-style:样式值
border-left-style: 样式值
```

说明：边框样式属性的取值有9种，如表11-1所示。

表11-1　边框样式的取值和含义

取　值	含　义
none	默认值，无边框
dotted	点线边框
dashed	虚线边框
solid	实线边框
double	双实线边框
groove	边框具有立体感的沟槽
ridge	边框成脊形
inset	使整个边框凹陷，即在边框内嵌入一个立体边框
outset	使整个边框凸起，即在边框外嵌入一个立体边框

举例：

```
<!doctype html>
<html>
<head>
<meta charset="utf-8">
<title>边框样式</title>
<style type="text/css">
<!--
.td {border-top-style: dashed;
    border-right-style: dashed;
    border-bottom-style: dotted;
    border-left-style: solid;}
-->
</style>
</head>
<body>
<table cellspacing="0" cellpadding="0">
<tr>
    <td class="td">
            <p>孤山寺北贾亭西，水面初平云脚低。<br>
            <br>
            几处早莺争暖树，谁家新燕啄春泥。<br>
            <br>
```

```
        乱花渐欲迷人眼，浅草才能没马蹄。<br>
            <br>
        最爱湖东行不足，绿杨阴里白沙堤。</p>
    </td>
</tr>
</table>
</body>
</html>
```

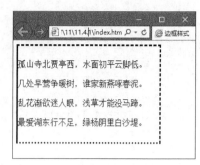

图11.11 边框样式效果

在代码中加粗的部分分别用来设置上、右、下、左边框的样式为虚线边框dashed、虚线边框dashed、点线边框dotted、实线边框solid，在浏览器中浏览，效果如图11.11所示。

11.4.2　课堂案例——设置边框宽度border-width

border-width属性用于设置边框的宽度。

设置边框宽度的代码如下。

```
p {border-style: solid; border-width: 5px;}
```

或者：

```
p {border-style: solid; border-width: thick;}
```

可以按照top-right-bottom-left的顺序设置边框各边的宽度。

```
p {border-style: solid; border-width: 15px 5px 15px 5px;}
```

也可以通过下列属性分别设置边框各边的宽度。

- border-top-width。
- border-right-width。
- border-bottom-width。
- border-left-width。

语法：

```
border-width:宽度值
border-top-width:宽度值
border-right-width:宽度值
border-bottom-width:宽度值
border-left-width:宽度值
```

说明：边框宽度border-width的取值范围如下。

medium表示默认宽度。

thin表示小于默认宽度。

thick表示大于默认宽度。

长度则是由数字和单位组成的长度值，不可为负值。

举例：

```
<!doctype html>
<html>
<head>
<meta charset="utf-8">
<title>边框宽度</title>
<style type="text/css">
<!--
.td {      border-top-style: dashed;
   border-right-style: dashed;
   border-bottom-style: dotted;
   border-left-style: solid;
   border-top-width: 20px;
   border-right-width: 10px;
   border-bottom-width: 30px;
   border-left-width: 5px;}
-->
</style>
</head>
<body>
<table  cellspacing="0" cellpadding="0">
<tr>
<td class="td">
<p>孤山寺北贾亭西，水面初平云脚低。<br>
     <br>
     几处早莺争暖树，谁家新燕啄春泥。<br>
     <br>
     乱花渐欲迷人眼，浅草才能没马蹄。<br>
     <br>
     最爱湖东行不足，绿杨阴里白沙堤。</p>
</td>
</tr>
</table>
</body>
</html>
```

在代码中加粗的部分分别用来设置边框的上、右、下、左宽度，在浏览器中浏览，效果如图11.12所示。

图11.12 边框宽度效果

11.4.3 课堂案例——设置边框颜色border-color

border-color属性用来设置边框的颜色，可以用16种颜色的关键字或RGB值来设置。

语法：

```
border-top-color:颜色值
border-right-color:颜色值
border-bottom-color:颜色值
border-left-color:颜色值
```

说明：border-top-color、border-right-color、border-bottom-color和border-left-color属性分别用来设置上、右、下、左边框的颜色，也可以使用border-color属性来统一设置4个边框的颜色。

举例：

```
<!doctype html>
<html>
<head>
<meta charset="utf-8">
<title>边框颜色</title>
<style type="text/css">
<!--
.td { border-top-style: dashed;
    border-right-style: dashed;
    border-bottom-style: dotted;
    border-left-style: solid;
    line-height: 20px;
    border-top-width: 20px;
    border-right-width: 20px;
    border-bottom-width: 30px;
    border-left-width: 15px;
    border-top-color: #FF9900;
    border-right-color: #0099FF;
    border-bottom-color: #CC33FF;
    border-left-color: #CCFFFF;}
-->
</style>
</head>
<body>
<table  cellspacing="0" cellpadding="0">
<tr>
    <td class="td">
    <p>孤山寺北贾亭西，水面初平云脚低。<br>
            <br>
            几处早莺争暖树，谁家新燕啄春泥。<br>
            <br>
            乱花渐欲迷人眼，浅草才能没马蹄。<br>
            <br>
```

```
        最爱湖东行不足，绿杨阴里白沙堤。</p>
      </td>
   </tr>
   </table>
   </body>
   </html>
```

在代码中加粗的部分用来设置边框颜色，在浏览器中浏览，效果如图11.13
所示。

图11.13 边框颜色效果

11.4.4 课堂案例——设置边框属性border

使用border属性可以设置元素的边框宽度、样式和颜色。

语法：

```
   border:边框宽度，边框样式，颜色
   border-top:上边框宽度，上边框样式，颜色
   border-right:右边框宽度，右边框样式，颜色
   border-bottom:下边框宽度，下边框样式，颜色
   border-left:左边框宽度，左边框样式，颜色
```

说明：border属性只能同时设置4个边框，也只能给出一组边框的宽度和样式。而其他边框属性只能给出某一边
的边框的属性，包括宽度、样式和颜色。

举例：

```
   <!doctype html>
   <html>
   <head>
   <meta charset="utf-8">
   <title>边框属性</title>
   <style type="text/css">
   <!--
   .b { font-family: "宋体";
      font-size: 16px;
      border-top: 10px dashed #00CCFF;
      border-right: 10px solid #3300FF;
      border-bottom: 10px dotted #FF0000;
      border-left: 10px solid #3300FF;   }
   -->
   </style>
   </head>
   <body>
   <table cellspacing="0" cellpadding="0">
   <tr>
```

```
<td class="b">
        <p>孤山寺北贾亭西，水面初平云脚低。<br>
                <br>
                几处早莺争暖树，谁家新燕啄春泥。<br>
                <br>
                乱花渐欲迷人眼，浅草才能没马蹄。<br>
                <br>
                最爱湖东行不足，绿杨阴里白沙堤。</p>
</td>
</tr>
</table>
</body>
</html>
```

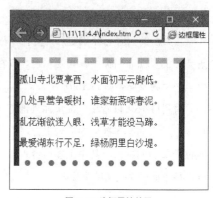

图11.14　边框属性效果

在代码中加粗的部分用来设置边框属性，在浏览器中浏览，效果如图11.14所示。

11.5 课堂练习——CSS布局实例

无论使用表格还是CSS，网页布局都是把大块的内容放进网页的不同区域里面。有了CSS，最常用来组织内容的元素就是<div>标记。CSS排版是一种很新的排版理念，首先要使用<div>标记将页面整体划分为几个板块，然后对各个板块进行CSS定位，最后在各个板块中添加相应的内容。

1. 用<div>标记将页面分块

在利用 CSS 布局页面时，首先要有一个整体的规划，包括整个页面分成哪些模块，各个模块之间的父子关系等。以最简单的框架为例，页面由标题（banner）、主体内容（content）、菜单导航（links）和脚注（footer）几个部分组成，各个部分分别用自己的id来标识，如图11.15所示。

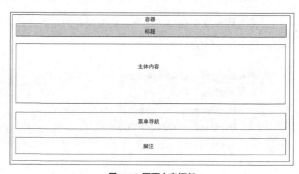

图11.15　页面内容框架

页面中的HTML框架代码如下所示。

```
<div id="container">container
<div id="banner">banner</div>
<div id="content">content</div>
<div id="links">links</div>
<div id="footer">footer</div>
</div>
```

实例中每个板块都是一个div，这里直接使用CSS中的id来表示各个板块，页面的所有板块都属于容器，一般的div排版都会在最外面加上这个父div，以便对页面的整体进行调整。对于每个板块，还可以再加入各种元素或行内元素。

2. 设计各块的位置

当页面的内容已经确定后，则需要根据内容本身考虑整体的页面布局类型，如是单栏、双栏还是三栏等，这里采用的布局如图 11.16 所示。

由图11.16可以看出，在页面外部有一个整体的框架标题位于页面整体框架中的最上方，主体内容与菜单导航位于页面的中部，其中主体内容占据着页面的绝大部分，最下面的是页面的脚注。

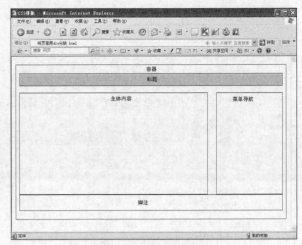

图11.16 简单的页面框架

3. 用CSS定位

整理好页面的框架后，就可以利用CSS对各个板块进行定位，以实现对页面的整体规划，然后再往各个板块中添加内容。

下面首先对<body>标记与container父块进行设置，CSS代码如下所示。

```
body {margin:10px;
    text-align:center;}
#container{width:900px;
    border:2px solid #000000;
    padding:10px;}
```

上面代码设置了页面的边界、页面文本的对齐方式，以及将父块的宽度设置为900px。下面来设置banner板块，其CSS代码如下所示。

```
#banner{margin-bottom:5px;
    padding:10px;
    background-color:#a2d9ff;
    border:2px solid #000000;
    text-align:center;}
```

这里设置了banner板块的边界、填充、背景颜色等。

下面利用float属性将主体内容移动到左侧，将菜单导航移动到页面右侧，这里分别设置了这两个板块的宽度和高度，读者可以根据需要自己调整。

```
#content{float:left;
    width:600px;
    height:300px;
    border:2px solid #000000;
    text-align:center;}
#links{float:right;
    width:290px;
    height:300px;
    border:2px solid #000000;
    text-align:center;}
```

由于主体内容和菜单导航对象都设置了 oat属性，因此脚注需要设置clear属性，以使其不受浮动的影响，代码如下所示。

```
#footer{clear:both;     /* 不受float影响 */
    padding:10px;
    border:2px solid #000000;
    text-align:center;}
```

这样，页面的整体框架便搭建好了，这里需要指出的是，主体内容板块中不能放置宽度过长的元素，如很长的图片或不换行的英文等，否则菜单导航将再次被挤到主体内容下方。

如果后期维护时希望主体内容的位置与菜单导航对调，只需要将主体内容和菜单导航中的float属性中的left和right改变即可。这是传统的排版方式所不能简单实现的，也是CSS排版的魅力之一。

另外，如果菜单导航的内容比主体内容的长，在IE浏览器上脚注就会贴在主体内容下方而与菜单导航出现重合。

11.6　本章小结

盒子模型是CSS控制页面的基础，学习完本章之后，读者应该能够清楚地理解盒子的含义是什么，以及盒子的组成。本章的难点与重点是浮动定位这个重要的属性，它对于复杂的页面排版至关重要。因此尽管本章的案例都很小，但是如果读者不能深刻理解蕴含在其中的道理，是无法完成复杂的CSS与div布局网页案例效果的。

11.7　课后习题

1. 填空题

（1）所有页面中的元素都可以被看作是一个装了东西的盒子，盒子里面的内容到盒子的边框之间的距离即_____，盒子本身有_____，而盒子边框外和其他盒子之间还有_____。

（2）设置外边距会在元素外创建额外的"空白"。设置外边距的最简单的方法就是使用_____属性，这个属性接受任何长度单位、百分数值甚至负值。

（3）元素的内边距在边框和内容区域之间。控制该区域最简单的属性是_____属性。

（4）边框有3个属性：一是边框宽度属性，用于设置边框的宽度；二是_____，用于设置边框的颜色；三是边框样式，用于控制边框的样式。

2. 操作题

设置边框样式如图11.17所示。

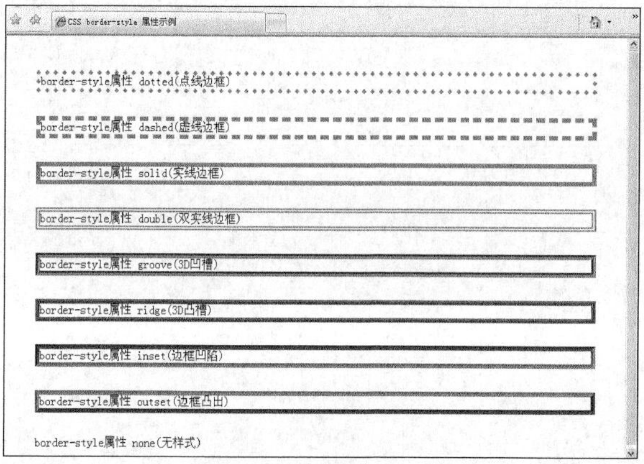

图11.17 设置边框样式

第**12**章

CSS定位布局方法

在网页开发中，布局是一个永恒的话题。巧妙的布局会让网页具有良好的适应性和扩展性。CSS的布局主要涉及两个属性——position和float。CSS为定位和浮动提供了一些属性，利用这些属性，可以建立列式布局，将布局的一部分与另一部分重叠，还可以完成多年来通常需要使用多个表格才能完成的任务。

───────────── 学习目标 ─────────────

● 掌握定位布局   ● 掌握浮动定位

● 掌握定位层叠

12.1 定位布局

使用position属性可以选择4种不同类型的定位，可选值如下。

static：无特殊定位。

absolute：绝对位置，使用 left、right、top、bottom等属性进行绝对定位，而其层叠通过z-index属性定义，此时对象不具有边距，但仍有补白和边框。

relative：相对位置，但将依据left、right、top、bottom等属性在正常文档流中偏移位置。

fixed：固定位置。

12.1.1 课堂案例——设置绝对定位absolute

使用绝对定位position:absolute，能够很准确地将元素移动到想要的位置。有时一个布局中的几个小对象，不易用padding、margin进行相对定位，这个时候就可以使用绝对定位来轻松搞定。特别是一个盒子里的几个小盒子不规律的布局，这个时候使用绝对定位非常方便布局对象，如图 12.1 所示。

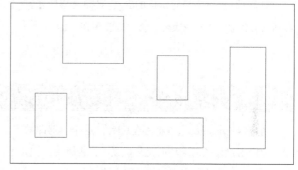

图12.1 绝对定位

下面的实例演示如何使用绝对值来对元素进行定位，其代码如下所示。

```
<!doctype html>
<html>
<head>
<meta charset="utf-8">
<title>绝对定位</title>
<style type="text/css">
*{margin: 0px; padding:0px;}
#all{height:350px;  width:400px; margin-left:20px; background-color:#0C0;}
#absdiv1,#absdiv2,#absdiv3{
     width:120px;
     height:50px;
     border:5px double #000;
     position:absolute;}
#absdiv1{top:100px;left:20px;background-color:#6F9;}
#absdiv2{bottom:100px; left:50px; background-color:#9cc;}
#absdiv3{top:20px;  right:200px;z-index:9;background-color:#6F9;}
#a{width:300px; height:100px; border:1px solid #000; background-color:#FC3;}
</style>
</head>
<body>
<div id="all">
  <div id="absdiv1">第1个绝对定位的div容器</div>
  <div id="absdiv2">第2个绝对定位的div容器</div>
  <div id="absdiv3">第3个绝对定位的div容器</div>
```

```
    <div id="a">无定位的div容器</div>
</div>
</body>
</html>
```

这里设置了3个绝对定位的div容器，1个无定位的div容器。给外部div容器设置了#0C0背景色，并给内部无定位的div容器设置了#FC3背景色，而给绝对定位的div容器设置了#6F9和#9cc背景色，并设置了double类型的边框。在浏览器中浏览，效果如图12.2所示。

从本例可看到，设置top、bottom、left 和right其中至少一种属性后，3个绝对定位的div容器彻底摆脱了其父容器（id名称为all）的束缚，独立地漂浮在上面。

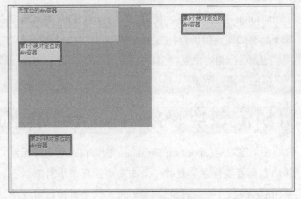

图12.2 绝对定位效果

12.1.2 课堂案例——设置固定定位fixed

当容器的position属性值为fixed时，这个容器即被固定定位了。固定定位和绝对定位非常类似，不过被定位的容器不会随着滚动条的滚动而变化位置。在视野中，固定定位的容器的位置是不会改变的。

下面举例讲述固定定位的使用方法，其代码如下所示。

```
<!doctype html>
<html>
<head>
<meta charset="utf-8">
<title>CSS固定定位</title>
<style type="text/css">
*{margin: 0px; padding:0px;}
#all{ width:400px; height:400px; background-color: #debedb;}
#fixed{ width:150px; height:150px; border:5px outset #f0ff00;
      background-color:#9c9000; position:fixed; top:50px; left:50px;}
#a{width:200px;height:300px;margin-left:20px;background-color:#F93;border:2px outset #060}
</style>
</head>
<body>
<div id="all">
    <div id="fixed">固定的容器</div>
    <div id="a">无定位的div容器</div>
</div>
</body>
</html>
```

在本例中，给外部div容器设置了#debedb背景色，并给内部无定位的div容器设置了# F93背景色，而给固定定位的div容器设置了#9c9000背景色，并设置了outset类型的边框。在浏览器中浏览，效果如图 12.3所示。

拖曳浏览器的垂直滚动条，会发现固定容器不会有任何位置改变，如图12.4所示。不过IE6.0版本的浏览器不支持fixed值的position属性，所以网上类似的效果都是采用JavaScript脚本编程完成的。

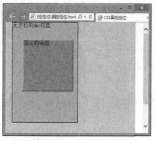

图12.3　固定定位效果

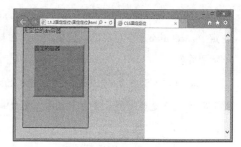

图12.4　拖曳垂直滚动条后的效果

12.1.3　课堂案例——设置相对定位relative

相对定位是一个非常容易掌握的概念。如果对一个元素进行相对定位，它将出现在它所在的位置上。然后，可以通过设置垂直或水平位置，让这个元素"相对于"它的起点进行移动。如果将top设置为50px，那么框将移动至原位置顶部下面50像素的地方。如果将left设置为40px，那么会在元素左边创建40像素的空间，也就是将元素向右移动。

当容器的position属性值为relative时，这个容器即被相对定位了。相对定位和其他定位相似，也是独立出来浮在上面。不过相对定位的容器的top（顶部）、bottom（底部）、left（左边）和right（右边）属性参照对象是其父容器的4条边，而不是浏览器窗口。

下面举例讲述相对定位的使用，其代码如下所示。

```
<!doctype html>
<html>
<head>
<meta charset="utf-8">
<title>CSS相对定位</title>
<style type="text/css">
*{margin: 0px;
  padding:0px;}
#all{width:450px; height:450px; background-color:#F90;}
#fixed{width:100px;height:100px;     border:5px ridge #f00;background-color:#9c9;
    position:relative;     top:130px;left:50px;}
#a,#b{width:200px; height:150px; background-color:#6C3; border:5px outset #600;}
</style>
</head>
<body>
<div id="all">
  <div id="a">第1个无定位的div容器</div>
    <div id="fixed">相对定位的容器</div>
    <div id="b">第2个无定位的div容器</div>
</div>
</body>
</html>
```

相对定位的容器其实并未完全独立，其浮动范围仍然在父容器内，并且其所占的空白位置仍然有效地存在于前后两个容器之间。

这里给外部div容器设置了#F90背景色，并给内部无定位的div容器设置了#6C3背景色，而给相对定位的div容器设置了#9c9背景色，并设置了inset类型的边框。在浏览器中浏览，效果如图12.5所示。

absolute与relative怎么区分？我们都知道absolute是绝对定位，relative是相对定位，但是这个绝对与相对是什么意思呢？

absolute，CSS中的写法是position:absolute，意思是绝对定位，它是参照浏览器的左上角，配合top、right、bottom、left进行定位。

relative，CSS中的写法是position:relative，意思是相对定位，它是参照父级的原始点为原始点，无父级则以文本流的顺序在上一个元素的底部为原始点，配合top、right、bottom、left进行定位。

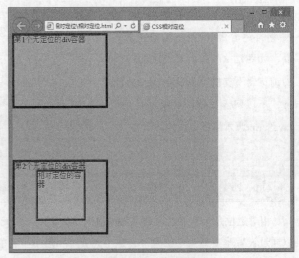

图12.5 相对定位方式效果

12.2 浮动定位

float属性用于定义元素在哪个方向浮动。以往这个属性总被应用于图像，使文本围绕在图像周围，不过在CSS中，任何元素都可以浮动。浮动元素会生成一个块级框，而不论它本身是何种元素。

12.2.1 课堂案例——设置 oat属性

使用float属性的元素是相对定位的，会随着浏览器的大小和分辨率的变化而改变。float属性是元素定位中非常重要的属性，常常通过对div元素应用 oat属性来进行定位。

语法：

```
float:none|left|right
```

说明：none是默认值，表示对象不浮动；left表示对象浮在左边；right表示对象浮在右边。CSS允许任何元素浮动，不论是图像、段落，还是列表。无论先前元素是什么状态，浮动后都会成为块级元素。浮动元素的宽度默认为auto。

如果float取值为none或没有设置float属性时，不会发生任何浮动，块元素独占一行，紧随其后的块元素将在新行中显示，其代码如下所示。在浏览器中浏览图12.6所示的网页时，可以看到由于没有设置div的float属性，因此每个div都单独占一行，两个div分两行显示。

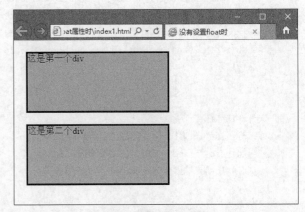

图12.6 没有设置 oat属性

```
<!doctype html>
<html>
<head>
<meta charset="utf-8">
 <title>没有设置float时</title>
 <style type="text/css">
```

```
    #content_a {width:250px;height:100px;border:3px solid #000000;
     margin:20px; background: #F90;}
    #content_b {width:250px;height:100px;border:3px solid #000000;
     margin:20px; background: #6C6;}
</style>
</head>
<body>
    <div id="content_a">这是第一个div</div>
    <div id="content_b">这是第二个div</div>
</body>
</html>
```

下面修改一下代码，使用float:left对content_a应用向左的浮动，而content_b不应用任何浮动，其代码如下所示。

```
<style type="text/css">
    #content_a {width:250px; height:100px; float:left; border:3px solid #000000; margin:20px;
background: #F90;}
    #content_b {width:250px; height:100px; border:3px solid #000000; margin:20px; background: #6C6;}
</style>
```

在浏览器中浏览。效果如图12.7所示，可以看到对content_a应用向左的浮动后，content_a向左浮动，content_b在水平方向紧跟在它的后面，两个div占一行，在一行上并列显示。

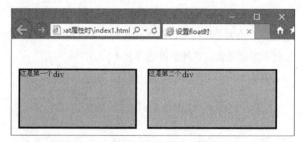

图12.7 设置 oat属性，使两个div并列显示

12.2.2 课堂案例——设置浮动布局的新问题

在CSS布局中， oat属性经常会被用到，但使用 oat属性后会使其在普通流中脱离父容器，这让人很苦恼。看下面的实例，代码如下。

```
<!doctype html>
<html>
<meta charset="utf-8">
<head>
    <meta charset="UTF-8">
    <title>浮动布局</title>
    <style type="text/css">
    .container{ margin: 30px auto; width:500px; height: 300px; }
    .p{ border:solid 3px  #CC0000; }
    .c{width: 120px; height: 120px; background-color:#360; margin: 10px; loat: left; }
    </style>
</head>
<body>
<div class="container">
        <div class="p">
            <div class="c"></div>
            <div class="c"></div>
```

```
        <div class="c"></div>
    </div>
  </div>
</body>
</html>
```

我们希望看到的效果如图 12.8所示，但实际效果却如图 12.9 所示。父容器并没有把浮动的子元素包围起来，俗称塌陷，为了消除这种现象，需要一些清除浮动的技巧。

图12.8 希望的效果

图12.9 实际效果

12.2.3 课堂案例——设置清除浮动clear

clear属性定义了元素的哪些边上不允许出现浮动元素。在CSS1和CSS2中，这是通过自动为清除元素（即设置了clear属性的元素）增加上外边距来实现的。在CSS2.1中，会在元素上外边距之上增加清除空间，而外边距本身并不改变。不论哪一种改变，最终结果都是一样的，如果声明为左边或右边清除空间，会使元素的上外边框边界刚好在该边上浮动元素的下外边框边界之下。

语法：

```
clear: none | left | right | both
```

说明：none 表示允许两边都可以有浮动对象，是默认值。

left 表示不允许左边有浮动对象。

right 表示不允许右边有浮动对象。

both 表示不允许有浮动对象。

图12.10 设置clear: left

修改一下12.2.2节实例中的代码，代码如下所示，可以看到第二个div添加了clear: left属性后，其左侧的div（第一个 div）不再浮动，所以后面的div都换行了，如图12.10所示。可以利用这点在父容器的最后添加一个空的div，设置属性clear:left，这样就可以达到我们的目的了。

```
<div class="p">
    <div class="c"></div>
    <div class="c" style="clear:left;"></div>
    <div class="c"></div>
</div>
```

1. 添加空div清理浮动

对刚才的代码稍作修改，代码如下所示。

```
<div class="p">
    <div class="c"></div>
```

```
    <div class="c"></div>
    <div class="c"></div>
    <div style="clear:left;"></div>
</div>
```

此时的效果如图12.11所示。clear:left属性只是消除其左侧div浮动对它自己造成的影响，而不会改变左侧div甚至于父容器的表现。

图12.11 添加空div清理浮动

2. 使用CSS插入元素

上面的做法与浏览器兼容性不错，但是有个很大的问题就是向页面添加了内容来达到改变效果的目的，也就是数据和表现混淆。下面看看怎么使用CSS来解决这一问题。根本的做法还是向父容器最后追加元素，但可以利用CSS的:after伪元素来做此事。

在CSS中对父容器添加 oatfix类后，会为其追加一个不可见的块元素，然后设置其clear属性为left，代码如下。

```
.floatfix:after{
    content:".";
    display:block;
    height:0;
    visibility:hidden;
    clear:left;
}
```

对父容器添加此类，代码如下所示。

```
<div class="floatfix">
    <div class="c"></div>
    <div class="c"></div>
    <div class="c"></div>
</div>
```

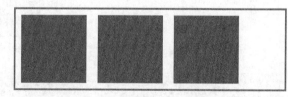

图12.12 使用CSS插入元素

这样就可以看到正确效果了，如图12.12所示。

12.3 定位层叠

如果在一个页面中同时使用几个定位元素，就可能发生定位元素重叠的情况。默认情况下，后添加的元素会覆盖先添加的元素，使用层叠定位属性z-index，可以调整各个元素的显示顺序。

12.3.1 课堂案例——设置层叠顺序

z-index属性用来定义定位元素的显示顺序，在层叠定位属性中，其属性值使用auto值或没有单位的数字。

语法：

```
z-index：auto | 数字
```

说明：auto遵从其父对象的定位；数字必须是无单位的整数值，可以取负值。

下面通过实例讲述z-index属性的使用方法，其代码如下。

```html
<!doctype html>
<html>
<head>
<meta charset="utf-8">
 <title>CSS属性</title>
  <style>
   .index1 { top: 50px; left: 50px; background:#090; z-index: 2; }
   .index2{ top: 100px; left: 100px; background:#F93; z-index: -1; }
    .index3{ top: 150px; left: 150px; background:#F39; z-index: 1; }
    div { position: absolute; width: 250px; height: 200px; }
  </style>
</head>
 <body>
<div class="index1"></div>
<div class="index2"></div>
<div class="index3"></div>
</body>
</html>
```

可以通过定义z-index属性随意更改元素的显示顺序，如图12.13所示。

如果取消z-index属性的话，效果如图12.14所示。

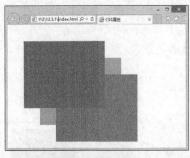

图12.13 层叠定位

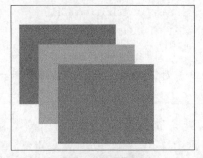

图12.14 取消层叠定位

12.3.2 课堂案例——设置简单嵌套元素中的层叠定位

在嵌套元素中，如果父元素和子元素中都使用了定位属性，则无论父元素中z-index属性定义为何值，子元素均会覆盖父元素。

```html
<!doctype html>
<html>
<head>
<meta charset="utf-8">
 <title>CSS属性值</title>
  <style>
   .main {position:absolute;width:450px; height: 300px; background: #090; z-index: -1; }
    .include { position: absolute; width: 220px;
     height: 150px; background: #F96;
     z-index: -1;
    }
```

```
  </style>
 </head>
<body>
  <div class="main">
    <div class="include"></div>
  </div>
 </body>
</html>
```

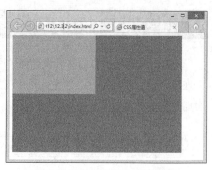

图12.15 简单嵌套元素中的层叠定位

在上面的代码中，在父元素中定义z-index属性值为1，在子元素中定义z-index属性值为-1，同时定义两个元素的定位属性均为绝对定位，虽然在父元素中定义的z-index属性值大于在子元素中定义的z-index属性值，但是子元素依然会覆盖父元素，如图12.15所示。

12.3.3 课堂案例——创建包含子元素的复杂层叠定位

在使用包含z-index属性的元素时，有时候在元素中会包含子元素，但子元素的显示效果不能超过父元素中定义的层叠顺序。

```
<!doctype html>
<html>
<head>
<meta charset="utf-8">
<style>
  .sun {position: absolute; width: 150px; height: 100px; background: #000; z-index: 10; }
   .index1 { top: 50px; left: 50px; background: #390; z-index: 2; }
   .index2 { position: relative; top: 100px; left: 100px; background: #F60; z-index: -1; }
   .index3 { top: 150px; left: 150px; background: #39C; z-index: 1; }
   div {position: absolute; width: 200px; height: 150px; }
  </style>
</head>
<body>
   <div class="index1"></div>
   <div class="index2"></div>
  <div class="index3">
    <div class="sun"></div>
  </div>
 </body>
</html>
```

从图12.16可以看出，虽然在子元素中定义了很大的z-index属性值，但是子元素的显示顺序依然要受到父元素的影响。

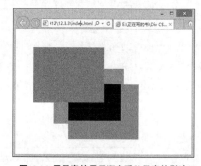

图12.16 子元素的显示顺序受父元素的影响

229

12.4 课堂练习

现在一些比较知名的网页设计都采用div+CSS形式来排版布局，其好处是可以使HTML代码更整齐，更容易使人理解，而且在浏览时的速度也比传统的布局方式快，最重要的是它的可控性要比表格强得多。下面介绍常见的布局类型。

12.4.1 课堂练习1——创建一列固定宽度

一列式布局是所有布局的基础，也是最简单的布局形式。一列固定宽度中，宽度的属性值是固定像素。下面举例说明一列固定宽度的布局方法，具体步骤如下。

01 新建一个空白文档，在HTML文档的<head>与</head>之间相应的位置输入定义的CSS样式代码，如图12.17所示。

```css
<style>
#Layer{
    background-color:#ff0;
    border:3px solid #ff3399;
    width:500px;
    height:350px;
}
</style>
```

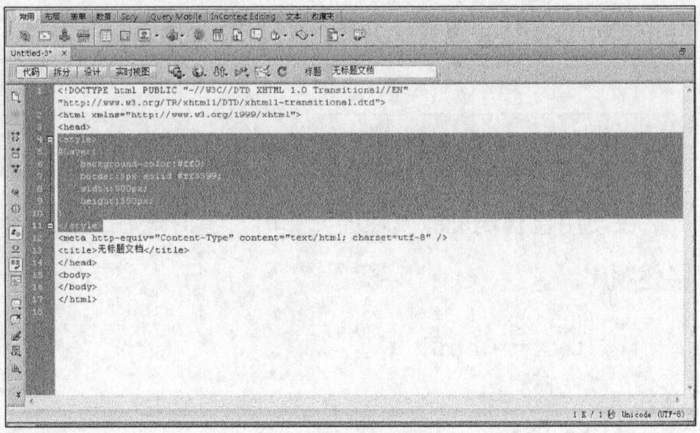

图12.17 输入代码

02 在HTML文档的<body>与</body>之间输入以下代码，给div使用了Layer作为id名称，如图12.18所示。

```html
<div id="Layer">1列固定宽度</div>
```

图12.18 输入代码

03 在浏览器中浏览，由于是固定宽度，所以无论怎样改变浏览器窗口的大小，div的宽度都不改变，如图12.19和图12.20所示。

图12.19 浏览器窗口效果

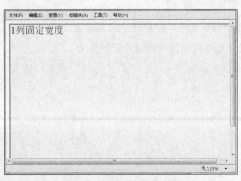

图12.20 浏览器窗口变小效果

12.4.2 课堂练习2——创建一列自适应

在网页设计中自适应布局是常见的一种布局形式，自适应的布局能够根据浏览器窗口的大小，自动改变其宽度或高度值，是一种非常灵活的布局形式，良好的自适应布局形式的网站对不同分辨率的显示器都能提供最好的显示效果。自适应布局需要将宽度由固定值改为百分比。

下面是一列自适应布局的CSS代码。

```
<!doctype html>
<html>
<head>
<meta http-equiv="Content-Type" content="text/html; charset=gb2312"/>
<title>列自适应</title>
<style>
#Layer{background-color:#ff0;
    border:3px solid #ff3399;
    width:60%;
    height:60%;}
</style>
</head>
<body>
<div id="Layer">列自适应</div>
</body>
</html>
```

这里将宽度值和高度值都设置为60%，从浏览效果中可以看到，div的宽度已经变为浏览器宽度值的60%，当扩大或缩小浏览器窗口时，其宽度和高度还将维持在与浏览器当前宽度比例的60%，如图12.21所示。

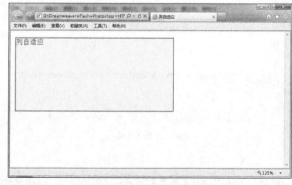

图12.21 列自适应布局

12.4.3 课堂练习3——创建两列固定宽度

两列固定宽度非常简单，两列的布局需要用到两个div，分别将两个div的id设置为left与right，来表示两个div的名称。首先为它们制定宽度，然后让两个div在水平线中并排显示，从而形成两列式布局，具体步骤如下。

01 新建一个空白文档，在HTML文档的<head>与</head>之间相应的位置输入定义的CSS样式代码，如图12.22所示。

```
<style>
#left{background-color:#00cc33;
    border:1px solid #ff3399;
    width:250px;
    height:250px;
```

```
    float:left;}
#right{background-color:#ffcc33;
    border:1px solid #ff3399;
    width:250px;
    height:250px;
    float:left;}
</style>
```

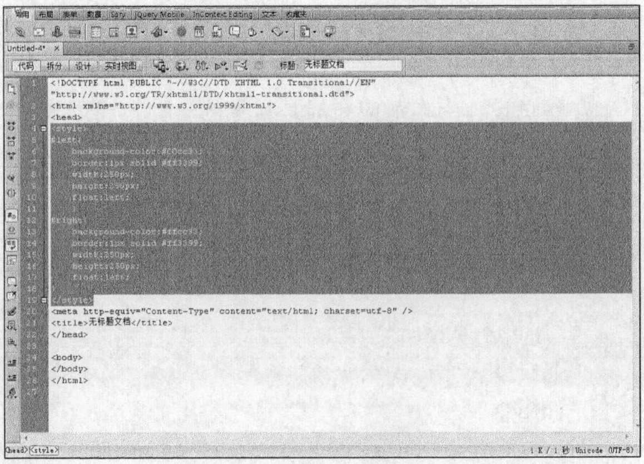

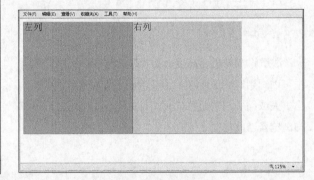

图12.22 输入代码

⓪② 在HTML文档的<body>与</body>之间的正文中输入以下代码，给div使用left和right作为id名称，如图12.23所示。

```
<div id="left">左列</div>
<div id="right">右列</div>
```

⓪③ 在浏览器中的浏览效果是两列固定宽度布局，如图12.24所示。

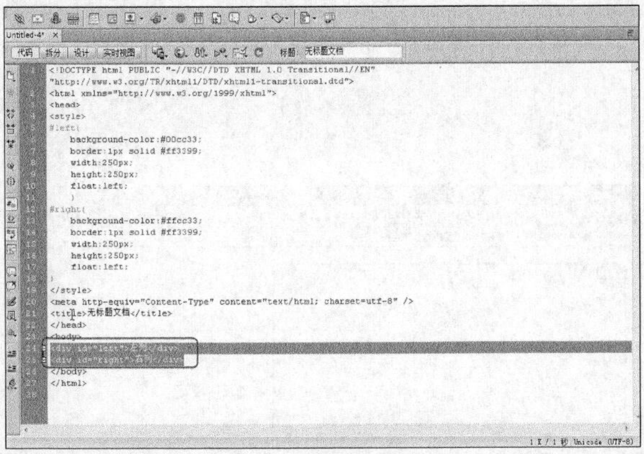

图12.23 输入代码　　　　　　　　　　　　　　　　图12.24 两列固定宽度布局

12.4.4 课堂练习4——创建两列宽度自适应

下面使用两列宽度自适应性，以实现左右列宽度能够做到自动适应。自适应的设置主要通过设置宽度的百分比值来实现，将CSS代码修改为如下形式。

```
<style>
#left{ background-color:#00cc33; border:1px solid #ff3399;
    width:60%; height:250px; float:left;}
#right{background-color:#ffcc33;        border:1px solid #ff3399;
    width:30%;        height:250px;        float:left;        }
</style>
```

这里主要修改左列宽度为60%，右列宽度为30%。在浏览器中浏览，效果如图12.25和图12.26所示，无论怎样改变浏览器窗口的大小，左右两列的宽度与浏览器窗口的百分比都不改变。

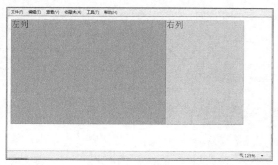
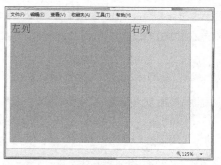

图12.25 浏览器窗口效果　　　　　　　　　　　图12.26 浏览器窗口变小效果

12.4.5 课堂练习5——创建右列宽度自适应

在实际应用中，有时候需要使用左列固定宽度来实现右列根据浏览器窗口大小自动适应，此时在CSS中只要设置左列的宽度即可，如上例中左右列都采用了百分比来实现宽度自适应，这里只要将左列宽度设定为固定值，右列不设置任何宽度值，并且右列不浮动，CSS样式代码如下。

```
<style>
#left{background-color:#00cc33;
     border:1px solid #ff3399;
     width:200px;
     height:250px;
     float:left;    }
#right{background-color:#ffcc33;
     border:1px solid #ff3399;
     height:250px;}
</style>
```

这样，左列将呈现200px的宽度，而右列的宽度将根据浏览器窗口大小自动适应，如图12.27和图12.28所示。

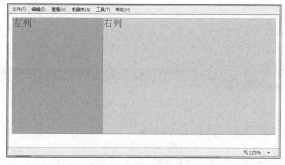
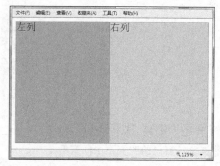

图12.27 浏览器窗口效果　　　　　　　　　　　图12.28 浏览器窗口变小效果

12.4.6 课堂练习6——创建三列浮动中间宽度自适应

使用浮动定位方式，基本上可以简单完成从一列到多列的固定宽度及自适应，包括三列的固定宽度。而在本小节，希望有一个三列式布局，其中左列要求为固定宽度并居左显示，右列要求为固定宽度并居右显示，而中间列需要在左列和右列的中间，其宽度根据左右列的间距变化自动适应。

在开始创建这样的三列布局之前，有必要了解一个新的定位方式——绝对定位。前面的浮动定位方式主要由浏览器根据对象的内容自动进行浮动方向的调整，但是当这种方式不能满足定位需求时，就需要新的方法来实现了。CSS提供的定位方式除浮动定位之外，另一种定位方式就是绝对定位，绝对定位使用position属性来实现。

下面讲述三列浮动中间宽度自适应布局的创建方法，具体操作步骤如下。

01 新建一个空白文档，在HTML文档的\<head>与\</head>之间相应的
位置输入定义的CSS样式代码，如图12.29所示。

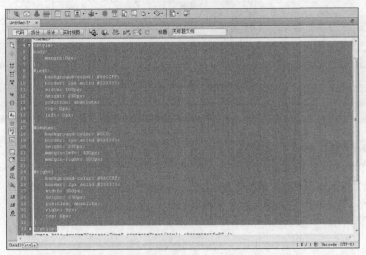

图12.29 输入代码

```
<style>
body{ margin:0px; }
#left{ background-color:#66CCFF;
    border:2px solid #333333;
    width:100px;
    height:250px;
    position:absolute;
    top:0px;
    left:0px; }
#center{ background-color:#CC0;
    border:2px solid #333333;
    height:250px;
    margin-left:100px;
    margin-right:100px; }
#right{ background-color:#66CCFF;
    border:2px solid #333333;
    width:100px;
    height:250px;
    position:absolute;
    right:0px;
    top:0px; }
</style>
```

02 在HTML文档的\<body>与\</body>之
间输入以下代码，给div使用left、center和
right作为id名称，如图12.30所示。

```
<div id="left">左列</div>
<div id="center">中间</div>
<div id="right">右列</div>
```

03 在浏览器中浏览，效果如图12.31所
示。随着浏览器窗口的改变，中间宽度是
变化的。

图12.30 输入代码

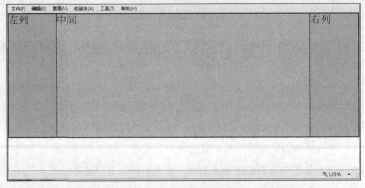

图12.31 中间宽度自适应

12.5 本章小结

在本章中，介绍了如何灵活地运用CSS的position属性和float属性，使页面按照需要的方式进行排版。读者若想彻底地理解和掌握本章的内容，就需要反复多实验几次，把本章的实例彻底搞清楚。这样在实际工作中遇到具体的案例时，就可以灵活地选择解决方法。

12.6 课后习题

1. 填空题

（1）巧妙的布局会让网页具有良好的适应性和扩展性。CSS的布局主要涉及两个属性：＿＿＿＿＿、＿＿＿＿＿。

（2）使用position属性可以选择4种不同类型的定位，可选值包括＿＿＿＿＿、＿＿＿＿＿、＿＿＿＿＿、＿＿＿＿＿。

（3）当容器的position属性值为＿＿＿＿＿时，这个容器即被固定定位了。固定定位和绝对定位非常类似，不过被定位的容器不会随着滚动条的滚动而变化位置。

（4）使用float属性的元素是相对定位的，会随着浏览器的大小和分辨率的变化而改变。＿＿＿＿＿属性是元素定位中非常重要的属性，常常通过对div元素应用＿＿＿＿＿属性来进行定位。

2. 操作题

制作一个三列浮动中间宽度自适应布局的网页，要求左右两边的div宽度为100px，中间div的宽度自适应。如图12.32所示。

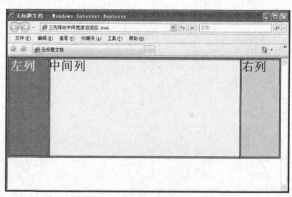

图12.32 三列浮动中间宽度自适应布局

第13章

JavaScript语法基础

JavaScript语言是网页设计中广泛使用的一种脚本语言，也是目前网页设计中易学又方便的语言，现在的网页开发基本上离不开JavaScript。使用JavaScript可以使网页产生动态效果，并以其小巧简单的优点倍受用户的欢迎。

―――――――――――――― 学习目标 ――――――――――――――

- JavaScript概述
- 掌握JavaScript程序语句
- 掌握JavaScript基本语法

13.1 JavaScript概述

JavaScript是一种基于对象和事件驱动并具有相对安全性的客户端脚本语言，同时也是一种广泛用于客户端Web开发的脚本语言，常用来给HTML页面添加动态功能，如响应用户的各种操作。

13.1.1 JavaScript简介

JavaScript仅仅是一种嵌入HTML文件中的描述性语言，它并不编译产生机器代码，只是由浏览器的解释器将其动态地处理成可执行的代码。而Java语言则是一种比较复杂的编译性语言。

由于JavaScript由Java集成而来，因此它是一种面向对象的程序设计语言。它所包含的对象有两个组合部分，即变量和函数，也称为属性和方法。

JavaScript是一种解释型的、基于对象的脚本语言。尽管与C++这样成熟的面向对象的语言相比，JavaScript的功能要弱一些，但对于它的预期用途而言，JavaScript的功能已经足够强大了。JavaScript是一种宽松类型的语言，宽松类型意味着不必显示定义变量的数据类型。事实上，无法在JavaScript上明确地定义数据类型。此外，在大多数情况下，JavaScript将根据需要自动进行转换。

13.1.2 JavaScript放置位置

页面中的脚本会在页面载入浏览器后立即执行，但我们并不希望总是这样。有时希望当页面载入时执行脚本，而另外的时候，则希望当用户触发事件时才执行脚本。

1. 位于\<head\>部分的脚本

当脚本被调用时，或者当事件被触发时，脚本就会被执行。当把脚本放置到\<head\>部分后，就可以确保在需要使用脚本之前，它已经被载入了。把样式表放到文档的\<head\>部分会加快页面的下载速度。这是因为把样式表放到\<head\>部分会使页面有步骤地加载显示。

```
<!doctype html>
<html>
<head>
<meta charset="utf-8">
 <head>
 <script type="text/javascript">
...
 </script>
 </head>
```

2. 位于\<body\>部分的脚本

在页面载入时脚本就会被执行。当把脚本放置于\<body\>部分后，在页面载入时它就会生成页面的内容。

```
<!doctype html>
<html>
<head>
<meta charset="utf-8">
 <head>
 </head>
 <body>
 <script type="text/javascript">
```

```
...
</script>
</body>
</html>
```

3. 使用外部JavaScript

如果打算在多个页面中使用同一个脚本，则最好将其放置在一个外部JavaScript文件中。在实际应用中使用外部文件可以提高页面速度，因为JavaScript文件都能在浏览器中产生缓存。内置在HTML文档中的JavaScript则会在每次请求中随HTML文档重新下载，这增加了HTML文档的大小。

```
<!doctype html>
<html>
<head>
<meta charset="utf-8">
<head>
<script src="xxx.js">…</script>
</head>
<body>
</body>
</html>
```

13.2 JavaScript基本语法

JavaScript语言有自己的常量、变量、表达式、运算符以及程序的基本框架，下面将一一进行介绍。

13.2.1 变量

变量就是内存中的一块存储空间，这个空间中存放的数据就是变量的值。为这块区域贴个标识符，就是变量名。

变量的值在程序运行期间是可以改变的，变量主要是作为数据的存取容器。在使用变量的时候，最好先对其进行声明。虽然在 JavaScript 中并不要求一定要对变量进行声明，但为了不混淆，还是要养成一个声明变量的习惯。变量的声明主要是明确变量的名字、变量的类型以及变量的作用域。

变量的名字是可以随意取的，但要注意以下几点。

● 变量名只能由字母、数字和下画线"__"组成，以字母开头，除此之外不能有空格和其他符号。

● 变量名不能使用JavaScript中的关键字，所谓关键字就是JavaScript中已经定义好并有着一定用途的字符，如int、true等。

● 在对变量命名时最好把变量的意义与其代表的意思对应起来，以免出现错误。

在JavaScript 中声明变量使用的是var关键字，举例如下。

var city1;

此处定义了一个名为city1的变量。

定义了变量就要向其赋值，也就是向里面存储一个值，这是利用赋值符"＝"来完成的。

举例如下。

```
var city1=100;
var city2="北京";
var city3=true;
var city4=null;
```

上面分别声明了4个变量，并同时赋予了它们值。变量的类型是由数据的类型来确定的。

如上面的代码中，给变量city1赋值为100，100为数值，该变量就是数值变量；给变量city2赋值为"北京"，"北京"为字符串，该变量就是字符串变量，字符串就是使用双引号或单引号括起来的字符；给变量city3赋值为true，true为布尔常量，该变量就是布尔型变量，布尔型的数据类型一般使用true或false表示；给变量city4赋值为null，null就表示空值，即什么也没有。

变量有一定的作用范围，在JavaScript中有全局变量和局部变量两种。全局变量是定义在所有函数体之外，其作用范围是整个函数；而局部变量是定义在函数体之内，只对该函数是可见的，而对其他函数则是不可见的。

13.2.2 数据类型

JavaScript中常见的数据类型包括数字型、布尔型、字符串型、Null类型和Undefined类型。

1. 数字数据类型

JavaScript 数字数据类型的整数和浮点数并没有什么不同，数字数据类型的变量值可以是整数或浮点数。简单地说，数字数据类型就是浮点数据类型，数字数据类型的变量值有如下几种。

整数值：整数值包含0、正整数和负整数，可以使用十进制、八进制和十六进制表示。以0开头的数字且每个位数的值为0~7的整数是八进制；以0x开头，位数值为0~9和A~F的数字是十六进制。

浮点数值：浮点数就是整数加上小数，其范围最大为±1.7976931348623157E308，最小为±5E-324，使用e或E符号代表以10为底的指数。

2. 字符串数据类型

字符串可以包含0或多个Unicode字符，其中包含文字、数字和标点符号。字符串数据类型是用来保存文字内容的变量，JavaScript中代码的字符串需要使用""或''符号括起来。

JavaScript没有表示单一字符的函数，例如，Basic或C++的chr( )函数，只能使用单一字符的字符串，如"J"'c'等，如果连一个字符都没有，""就是空字符串。

3. 布尔数据类型

布尔数据类型只有两个值，即true和false，主要用于条件和循环控制的判断，以便决定是否继续运行对应段的程序代码，或判断循环是否结束。

4. Null数据类型

Null数据类型只有一个null值，null是一个关键字并不是0，如果变量值为null，表示变量没有值或不是一个对象。

5. Undefined数据类型

Undefined数据类型指的是一个变量有声明，但是不曾指定变量值，或者一个对象属性根本不存在。

13.2.3 表达式和运算符

在定义完变量后，就可以对其进行赋值、改变、计算等一系列操作了，这一过程通过表达式来完成，而表达式中的一大部分是在做运算符处理。

1. 表达式

表达式是常量、变量、布尔和运算符的集合，因此，表达式可以分为算术表达式、字符表达式、赋值表达式及布尔表达式等。

2. 运算符

运算符是用于完成操作的一系列符号。在JavaScript中，运算符包括算术运算符、逻辑布尔运算符和比较运算符。

算术运算符可以进行加、减、乘、除和其他数学运算，如表13-1所示。

表13-1　算术运算符

算术运算符	描　述
+	加
—	减
*	乘
/	除
%	取模
++	递加1
--	递减1

逻辑布尔运算符比较两个布尔值（真或假），然后返回一个布尔值，如表13-2所示。

表13-2　逻辑布尔运算符

算术运算符	描　述
&&	逻辑与，在形式A&&B中，只有当两个条件A和B成立，整个表达式的值才为真true
‖	逻辑或，在形式A‖B中，只要两个条件A和B有一个成立，整个表达式的值就为true
!	逻辑非，在！A中，当A成立时，表达式的值为false；当A不成立时，表达式的值为true

比较运算符可以比较表达式的值，并返回一个布尔值，如表13-3所示。

表13-3　比较运算符

算术运算符	描　述
<	小于
>	大于
<=	小于等于
>=	大于等于
=	等于
!=	不等于

13.2.4 函数

函数是一个拥有名字的一系列JavaScript语句的有效组合。只要这个函数被调用，就意味着这一系列JavaScript语句被按顺序解释执行。一个函数可以有自己的参数，并可以在函数内使用参数。

语法：

```
function函数名称（参数表）
}
函数执行部分
}
```

说明如下。

在这一语法中，函数名用于定义函数名称，参数是传递给函数使用或操作的值，其值可以是常量、变量或其他表达式。

13.2.5　注释

添加注释可以对JavaScript中的代码进行解释，以提高其可读性。

单行的注释以//开始。

```
<script type="text/javascript">
document.write("<h1>This is a header</h1>");// 这行代码输出标题
document.write("<p>This is a paragraph</p>");// 这行代码输出段落
document.write("<p>This is another paragraph</p>");
</script>
```

多行注释以/*开头，以*/结尾。

```
<script type="text/javascript">
/*下面的代码将输出一个标题和两个段落*/
document.write("<h1>This is a header</h1>");
document.write("<p>This is a paragraph</p>");
document.write("<p>This is another paragraph</p>");
</script>
```

过多的JavaScript注释会降低JavaScript的执行速度与加载速度，因此应在发布网站时，去掉JavaScript注释。

注释块（/* ... */）中不能有/*或*/（但JavaScript正则表达式中可能产生这种代码），这样会产生语法错误，因此推荐使用//作为注释代码。

13.3　JavaScript程序语句

在JavaScript中主要有两种基本语句，一种是循环语句，如for、while；另一种是条件语句，如if等。另外还有其他的一些程序控制语句，下面就来详细介绍基本语句的使用。

13.3.1　课堂案例——使用if语句

if语句是JavaScript中最基本的控制语句，通过它可以改变语句的执行顺序。

语法：

```
if(条件)
{    执行语句1
}
else
{    执行语句2
}
```

说明：当表达式的值为true时，则执行语句1，否则执行语句2。若if后的语句有多行，将其括在大括号(()))内通常是一个好习惯，这样就更清楚，并可以避免无意中造成错误。

举例：

```
<!doctype html>
<html>
<head>
<meta charset="utf-8">
<title>if语句</title>
</head>
<body>
<script language="javascript">
for(a=10;/a<=15;a++)
   if(a%2==0)    // 使用if语句来控制图像的交叉显示
        document.write("<img src=8.gif width=",a,"% height=",3*a,"%>");
   else
        document.write("<img src=9.gif width=",a,"% height=",2*a,"%>");
</script>
</body>
</html>
```

在代码中加粗的部分的代码应用了if语句。在语句中的if(a%2==0)，%为取模运算符，该表达式的意思就是变量a对常量2的取模，如果能除尽就显示图像 8.gif，如果不能除尽则显示图像9.gif。同时变量a的值一直递增下去，这样图像就能不断交替显示下去，如图13.1所示。

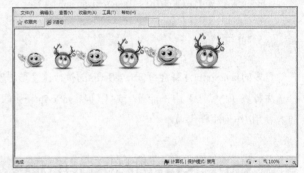

图13.1 if语句

13.3.2 课堂案例——使用for语句

for语句的作用是重复执行语句，直到循环条件为false为止。

语法：

```
for(初始化;条件;增量)
{
    语句集;
...
}
```

说明：初始化参数是告诉循环的开始位置，必须赋予变量初值；条件是用于判别循环停止的条件，若条件满足，则执行循环体，否则跳出循环；增量主要是定义循环控制变量在每次循环时按什么方式变化。在3个主要语句之间，必须使用分号（;）分隔。

举例：

```
<!doctype html>
<html>
<head>
<meta charset="utf-8">
<title>for语句</title>
</head>
<body>
<script language="javascript">
for(a=1;a<=7;a++)
    document.write("<font size="+a+">小蝌蚪找妈妈<br></font size="+a+">");
</script>
</body>
</html>
```

在代码中加粗的部分应用了for语句，使用for语句首先给变量a赋值1，接着执行"a++"，使变量a加1，即等于a=a+1，这时变量a的值就变为2，再判断条件是否满足a<=7，继续执行语句，直到a的值变为7，这时结束循环，可以看到效果如图 13.2 所示。

图13.2 for语句

13.3.3 课堂案例——使用switch语句

switch语句是多分支选择语句，到底执行哪一语句块，取决于表达式的值是否与常量表达式相匹配，不同于if语句，它的所有分支都是并列的，执行程序时，由第一分支开始查找，如果相匹配，则执行其后的块，接着执行第二分支、第三分支……的块，如果不匹配，继续查找下一个分支是否匹配。

语法：

```
switch()
{
    case 条件1:语句块1
    case 条件2:语句块2
    …
    default:语句块N
}
```

说明：当判断条件比较多时，为了使程序更加清晰，可以使用switch语句。使用switch语句时，表达式的值将与每个case语句中的常量做比较。如果相匹配，则执行该case语句后的代码；如果没有一个case的常量与表达式的值相匹配，则执行default语句。当然，default语句是可选的。如果没有相匹配的case语句，也没有default语句，则什么也不执行。

举例：

```
<!doctype html>
<html>
<head>
<meta charset="utf-8">
<title>switch语句</title>
</head>
<body>
<script type="text/javascript">
var d=new Date()
theDay=d.getDay()
switch (theDay)
{
    case 5:document.write("<b>今天是到星期五哦。</b>")
    break;
    case 6:document.write("<b>到周末啦！</b>")
    break;
    case 0:document.write("<b>明天又要上班喽。</b>")
    break;
    default:document.write("<b>周末过得真快，工作时间好慢哦！</b>")
}
</script>
</body>
</html>
```

本实例使用了switch条件语句，根据星期天数的不同，显示不同的输出文字，运行代码效果如图13.3所示。

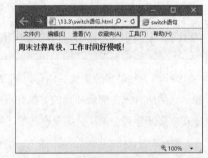

图13.3 switch条件语句

13.3.4 while循环

while语句与for语句一样，当条件为真时，重复循环，否则退出循环。

语法：

```
while(条件){
    语句集；
    …
}
```

说明：在while语句中，条件语句只有一个，当条件不符合时跳出循环。在while循环体重复操作while的条件表达，使循环到该语句时，条件不符合时结束。

举例：

运行代码效果如图13.4所示。

```
<!doctype html>
<html>
<head>
<meta charset="utf-8">
<title>while语句</title>
</head>
<body>
<script language="javascript">
var a=1
while(a<=5)
{
    document.write("<h",a,">标题文字</
h",a,">");
    a++;
}
</script>
</body>
</html>
```

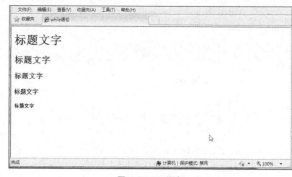

图13.4 while语句

在代码中加粗的部分应用了while语句。在HTML部分已经介绍了标题标记<h>，它共分为6个层次的大小，这里采用while语句来控制<h>标记依次显示。首先声明变量a，然后在while语句中控制变量a的最大值。由于在前面声明变量时已经将变量a的值赋为1，因此在第一次判断时满足条件，就执行大括号中的值。在这里，将变量a的最大值设为5，如此循环下去直到变量为6，这时已不满足条件，从而循环结束，因此在图13.4中只看到了5种层次大小的标题文字。

13.3.5 break语句

break语句可用于跳出循环，break语句跳出循环后，会继续执行该循环之后的代码。

语法：

```
break;
```

说明：当程序遇到break语句时，会跳出循环并执行下一条语句。

举例：

```
<!doctype html>
<html>
<head>
<meta charset="utf-8">
<title>break语句</title>
</head>
<body>
<p>带有break 语句的循环。</p>
<button onClick="myFunction()">点击这里</button>
<p id="demo"></p>
<script>
```

```
function myFunction()
{
    var x="", i=0;
    for(i=0;i<10;i++)
    {
        if(i==3)
        {
            break;
        }
        x=x+"The number is "+i+"<br>";
    }
    document.getElementById("demo").
innerHTML=x;
}
</script>
</body>
</html>
```

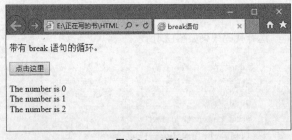

图13.5 break语句

当i==3时，使用break语句停止循环，运行代码，效果如图13.5所示。

13.3.6 continue语句

continue语句只能用在循环结构中。一旦条件为真，执行continue语句，程序跳过循环体中位于该语句后的所有语句，提前结束本次循环周期并开始下一个循环周期。

语法：

```
continue;
```

说明：执行continue语句会停止当前循环的迭代，并从循环的开始处继续程序流程。

举例：

```
<!doctype html>
<html>
<head>
<meta charset="utf-8">
<title>continue语句</title>
</head>
<body>
<p>点击下面的按钮来执行循环，该循环会跳过i=5。</p>
<button onClick="myFunction()">点击这里</button>
<p id="demo"></p>
<script>
function myFunction()
{
    var x="", i=0;
    for(i=0;i<10;i++)
    {
    if(i==5)
```

```
            {
                continue;
            }
            x=x+"The number is "+i+"<br>";
        }
        document.getElementById("demo").
innerHTML=x;
    }
    </script>
    </body>
    </html>
```

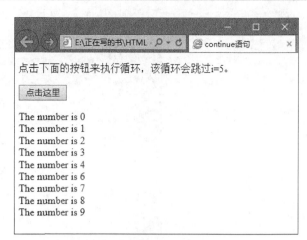

图13.6 continue语句

本实例跳过了值5，运行代码，效果如图13.6所示。

13.4 课堂练习——禁止鼠标右击

在一些网页上，当用户单击鼠标右键时会弹出警告窗口或者直接没有任何反应。禁止鼠标右击的具体操作步骤如下。

01 使用Dreamweaver打开网页文档，如图13.7所示。

02 打开拆分视图，在<head>和</head >之间相应的位置输入以下代码，如图13.8所示。

```
<script language=javascript>
function click() {
    if(event.button==2) {
        alert('禁止右键！') }}
function CtrlKeyDown(){
    if(event.ctrlKey) {
        alert('禁止使用右键拷贝！') }}
document.onkeydown=CtrlKeyDown;
document.onmousedown=click;
</script>
```

图13.7 打开网页文档

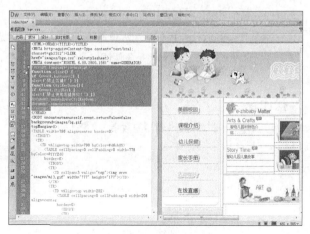

图13.8 输入代码

03 保存文档，在浏览器中浏览，效果如图13.9所示。

图13.9 禁止鼠标右键效果

13.5 本章小结

可以通过某些脚本语言完成常规Java无法完成的很多事情。如果知道如何利用一个好的脚本语言，则可以在开发中节省大量的时间和金钱。JavaScript现在已经成了一门效率极高的、可用于开发产品及Web服务器的出色语言。

本章主要讲述了JavaScript的基本概念、基本语法，以及JavaScript常见的程序语句。读者通过本章的学习，可以了解什么是JavaScript，以及JavaScript的基本使用方法，从而为设计出各种精美的动感特效网页打下基础。

13.6 课后习题

1. 填空题

（1）_____仅仅是一种嵌入HTML文件中的描述性语言，它并不编译产生机器代码，只是由浏览器的解释器将其动态地处理成可执行的代码。而_____语言则是一种比较复杂的编译性语言。

（2）JavaScript中常见的数据类型包括数字型、布尔型、字符串型、_____和_____。

（3）遇到重复执行指定次数的代码时，使用_____循环比较合适。

（4）在JavaScript中主要有两种基本语句，一种是循环语句，如_____、_____；另一种是条件语句，如_____等。

2. 操作题

使用While语句，显示1到79的数字，如图13.10所示。

图13.10

第14章

JavaScript中的事件

JavaScript使我们有能力创建动态页面。事件是可以被JavaScript侦测到的行为。网页中的每个元素都可以产生某些可以触发JavaScript函数的事件。例如，可以在用户单击某按钮时产生一个onClick事件来触发某个函数。事件要在HTML页面中定义。

学习目标

- 掌握事件驱动与事件处理
- 掌握JavaScript常见的事件

14.1 事件驱动与事件处理

事件驱动是JavaScript响应用户操作的一种处理方式，而事件处理是JavaScript响应用户操作所调用的程序代码。

14.1.1 事件与事件驱动

JavaScript事件可以分为下面几种不同的类别。最常用的类别是鼠标交互事件，然后是键盘和表单事件。

以鼠标交互事件为例，在事件驱动中，用户可以使用鼠标单击等方式进行操作，程序则根据鼠标指针的位置以及单击的方式进行响应。JavaScript使用的就是这种事件驱动的程序设计方式。

在JavaScript中，事件（Even）包括以下两个方面。

• 用户在浏览器中产生的操作是事件，如单击鼠标、按下键盘上的键等。

• 文档本身产生的事件，如文档加载完毕、卸载文档等，都是事件。

JavaScript事件驱动中的事件是通过鼠标或热键的动作引发的。主要有以下几种事件。

1. 单击事件onClick

当用户单击鼠标按钮时，产生onClick事件。同时onClick指定的事件处理程序或代码将被调用执行。

通常在下列基本对象中产生：

button（按钮对象）；

checkbox（复选框或检查列表框）；

radio（单选按钮）；

reset buttons（重置按钮）；

submit buttons（提交按钮）。

例如，可通过下列按钮激活change()函数。

```
<form>
<input type="button" value=" " onClick="change()">
</form>
```

在onClick等号后，可以使用自己编写的函数作为事件处理程序，也可以使用JavaScript的内部函数，还可以直接使用JavaScript的代码等。例如：

```
<input type="button" value=" " onclick=alert("这是一个例子");
```

2.改变事件 onChange

当利用text或texturea元素输入字符值改变时引发 onChange事件，同时当在select表格项中一个选项状态改变后也会引发该事件。

例如，以下是引用片段。

```
<form>
<input type="text" name="Test" value="Test" onChange="check('this.test')">
</form>
```

3. 选中事件onSelect

当Text或Textarea对象中的文字被加亮后，引发onSelect事件。

4. 获得焦点事件onFocus

当用户单击text或textarea及select对象时，产生onFocus事件。此时该对象成为前台对象。

5. 失去焦点onBlur

当text对象或textarea对象及select对象不再拥有焦点而退到后台时，引发onBlur事件，它与onFocus事件是一个对应的关系。

6. 载入文件onLoad

当文档载入时，产生onLoad事件。onLoad事件的一个作用就是在首次载入一个文档时检测Cookie的值，并用一个变量为其赋值，使它可以被源代码使用。

7. 卸载文件onUnload

当Web页面退出时引发onUnload事件，并可更新Cookie的状态。

14.1.2 事件与处理代码关联

在JavaScript中，浏览器会使用事件来通知JavaScript程序响应用户的操作。事件的类型有很多种，如鼠标事件、键盘事件、加载与卸载事件、得到焦点与失去焦点事件等。在事件产生的时候，浏览器会调用一个JavaScript程序来响应这个事件，这就是JavaScript的事件处理方式。其中，要使事件处理程序能够启动，必须先告诉对象，如果发生了什么事情，要启动什么处理程序，否则这个流程就不能进行下去。事件的处理程序可以是任意的JavaScript语句，一般用特定的自定义函数（function）来处理事件。

指定事件处理程序有3种方法。

1. 直接在HTML标记中指定

```
<标记符 … 事件="事件处理程序" [事件="事件处理程序" …]>
```

例如：

```
<body … onload="alert('网页读取完成！')" onunload="alert('欢迎浏览！')">
```

这样定义<body>标记，能使文档在读取完毕的时候弹出一个对话框，写着"网页读取完成"；在用户退出文档（或者关闭窗口，或者到另一个页面去）的时候弹出"欢迎浏览！"字样。

2. 编写特定对象特定事件的JavaScript

```
<script language="JavaScript" for="对象" event="事件">
...
(事件处理程序代码)
...
</script>
<script language="JavaScript" for="window" event="onload">
alert('网页读取完成！');
</script>
```

3. 在JavaScript中说明

```
<事件主角 - 对象>.<事件> = <事件处理程序>;
```

用这种方法要注意的是，"事件处理程序"是真正的代码，而不是字符串形式的代码。如果事件处理程序是一个自定义函数，如无使用参数的需要，就不要加"()"标记。

```
function ignoreError() {
    return true;
}
window.onerror=ignoreError; // 没有使用"()"
```

这个例子将ignoreError()函数定义为window对象的onerror事件的处理程序。它的效果是忽略该window对象下的任何错误（由引用不允许访问的location对象产生的"没有权限"错误是不能忽略的）。

在JavaScript中对象事件的处理通常由函数（function）担任。其基本格式与函数全部一样，可以将前面所介绍的所有函数作为事件处理程序。

格式如下：

```
function 事件处理名（参数表）{
事件处理语句集
…
}
```

例如，下例程序是一个自动装载和自动卸载的例子，即当装入HTML文档时调用loadform()函数，而退出该文档进入另一HTML文档时则首先调用unloadform()函数，在确认后方可进入。

举例：

```
<!doctype html>
<html>
<head>
<meta charset="utf-8">
<title>无标题文档</title>
<script language="JavaScript">
<!--function loadform(){
alert("自动装载!");}
function unloadform(){alert("卸载");}
//-->
</script>
</head>
<body>
<body onLoad="loadform()"OnUnload="unloadfo
rm()">
<a href="test.htm">调用</a>
</body>
</html>
```

图14.1 事件与处理代码

运行代码，效果如图14.1所示。

14.1.3 调用函数的事件

Web浏览器中的JavaScript允许我们定义响应用户事件（通常是鼠标或者键盘事件）所执行的代码。在支持Ajax的现代浏览器中，这些事件处理函数可以被设置到大多数的可视元素之上。可以使用事件处理函数将可视用户界面（即视图）与业务对象模型相连接。

传统的事件模型在JavaScript诞生的早期就存在了，它是相当简单和直接的。DOM元素有几个预先定义的属性，可以赋值为回调函数。

首先定义函数。

```
function Hanshu()
{
    //函数体
}
```

这样就定义了一个名为Hanshu的函数，现在尝试调用一下这个函数。其实很简单，调用函数就是用函数的名称加括号，即：

```
Hanshu();
```

这样就调用了这个函数。

举例：

```
<!doctype html>
<meta charset="utf-8">
<script>
function showname(name)
{
    document.write("我是"+name);
}
showname("雨轩"); //函数调用
</script>
</html>
```

本例中的function showname(name)为函数定义，其中括号内的name是函数的形式参数，这一点与C语言中的函数形式是完全相同的，而showname("雨轩")则是对函数的调用，用于实现需要的功能，运行代码的效果如图14.2所示。

图14.2 调用函数

14.1.4 调用代码的事件

JavaScript的出现给静态的HTML网页带来很大的变化。JavaScript增强了HTML网页的互动性，使以前单调的静态页面变得有交互性，它可以在浏览器端实现一系列动态的功能，仅仅依靠浏览器就可以完成一些与用户的互动。

举例：

```
<!doctype html>
<html>
<head>
<meta charset="utf-8">
<title>无标题文档</title>
<script language="javascript">
```

```
function test()
{
    alert("调用代码的事件");
}
</script>
</head>
<body onLoad="test()" >
<form action="" method="post">
<input type="button" value="单机测试"
onclick="test()">
</form>
</body>
</html>
```

图14.3 运行代码效果

运行代码，效果如图14.3所示。

14.1.5 设置对象事件的方法

event对象作为window对象的一个属性存在；使用attachEvent()函数添加事件处理程序时，会有一个event对象作为参数被传入事件处理函数中，当然也可以通过window.event来访问；使用HTML特性指定的事件处理程序则可以通过event的变量来访问事件对象。

举例：

```
<script type="text/javascript">
window.onload = function() {
    var btn=document.getElementById("myBtn");
    if(btn.addEventListener) {
            btn.addEventListener("click",functio
n(event){alert(event.type);},false);
    }else{
            btn.attachEvent("onmouseout",fun
ction(event){alert(event.type+" "+window.event.
type);});
        btn.onmouseover=function() {
            alert(window.event.type);
        };
    }
}
</script>
<input type="button" id="myBtn" value="click"
onclick="alert(event.type)"/>
```

图14.4 运行代码效果

运行代码，效果如图14.4所示。

14.2 JavaScript常见的事件

JavaScript是基于对象的语言，而基于对象的基本特征，就是采用事件驱动。通常鼠标或键盘的动作称为事件；由鼠标或键盘引发的一连串程序的动作，称为事件驱动；对事件进行处理的程序或函数，则称为事件处理程序。

14.2.1 onClick事件

鼠标单击事件是最常用的事件之一，当用户单击鼠标时，产生onClick事件，同时onClick指定的事件处理程序或代码将被调用执行。

举例：

```
<!doctype html>
<html>
<head>
<meta charset="utf-8">
<title></title>
</head>
<body>
<div align="center"><img src="20050810175757915.jpg" width="778" height="407">
 <input type="button" name="fullsreen" value="全屏"
onClick="window.open(document.location, 'big', 'fullscreen=yes')">
<input type="button" name="close" value="还原"
onClick="window.close()"></div>
</body>
</html>
```

在代码中加粗的部分为设置onClick事件，如图14.5所示。单击窗口中的"全屏"按钮，将全屏显示网页，如图14.6所示。单击"还原"按钮，将还原到原来的窗口。

图14.5 onClick事件

图14.6 全屏显示

14.2.2 onChange事件

onChange是一个与表单相关的事件，当利用text或textarea元素输入的字符值改变时引发该事件，同时当在select表格中的一个选项状态改变后也会引发该事件。

举例：

```
<!doctype html>
<html>
```

```
<head>
<meta charset="utf-8">
<title>onchange事件</title>
</head>
<body>招商加盟:
<form id="form1" name="form1" method="post" action="">
<p>您的姓名: <input type="text" name="textfield" /></p>
</p>
<p><br />
留言内容: <br /><br/>
<textarea name="textarea" cols="50" rows="5"
onChange=alert("输入留言内容")></textarea>
</p>
</form>
</body>
</html>
```

在代码中加粗的部分为设置onChange事件,在文本区域中可输入留言内容,在文本区域外部单击会弹出警告提示对话框,如图14.7所示。

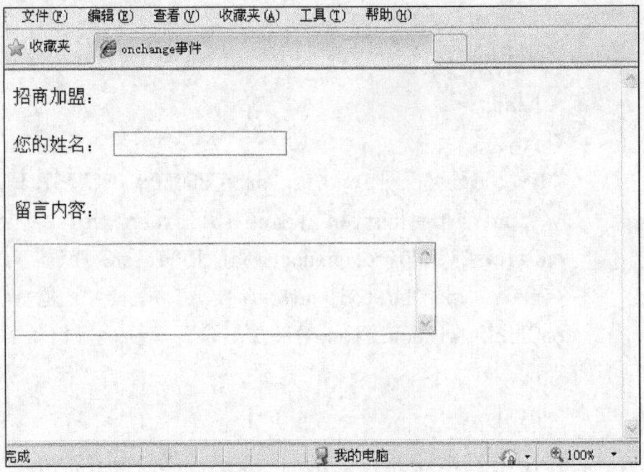

图14.7 onchange事件

14.2.3 onSelect事件

onSelect事件是当文本框中的内容被选中时所引发的事件。

举例:

```
<!doctype html>
<html>
<head>
<meta charset="utf-8">
<title>无标题文档</title>
</head>
<body>
<script language="javascript">                        //脚本程序开始
function strcon(str)                                 //连接字符串
{
    if(str!='请选择')                                 //如果选择的是默认项
    {
        form1.text.value="您选择的是: "+str;             //设置文本框提示信息
    }
```

256

```
    else                                          //否则
    {
        form1.text.value="";                      //设置文本框提示信息
    }
}
</script>                                          <!-- 脚本程序结束 -->
<form id="form1" name="form1" method="post" action="">  <!--表单-->
<label>
<textarea name="text" cols="50" rows="2" onSelect="alert('您想复制吗？')"></textarea>
</label>
</form>
</body>
</html>
```

在代码中加粗的部分为设置onSelect事件，在文本框中选中文字后，会弹出选择文字的提示对话框，如图14.8所示。

图14.8 onSelect事件

14.2.4 onFocus事件

当单击表单对象时，即将光标放在文本框或选择框上时引发onFocus事件。

举例：

```
<!doctype html>
<html>
<head>
<meta http-equiv="content-type" content="text/html; charset=gb2312" />
<title>onFocus事件</title>
</head>
<body>个人爱好：
<form name="form1" method="post" action="">
<p>
<label>
<input type="radio" name="RadioGroup1" value="游戏"onFocus=alert("选择游戏！")>
游戏</label><br>
<label>
<input type="radio" name="radiogroup1" value="上网"onFocus=alert("选择上网！")>
上网</label><br>
<label>
<input type="radio" name="RadioGroup1" value="唱歌"onFocus=alert("选择唱歌！")>
唱歌</label><br>
<label>
<input type="radio" name="RadioGroup1" value="跳舞"onFocus=alert("选择跳舞！")>
```

```
跳舞</label><br>
<label>
<input type="radio" name="RadioGroup1" value="
画画"onFocus=alert("选择画画！")>
画画</label><br>
</p>
</form>
</body>
</html>
```

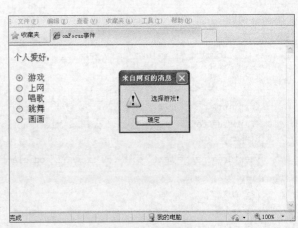

在代码中加粗的部分为设置onFocus事件，选择其中的一项后，会弹出选择提示对话框，如图14.9所示。

图14.9 onFocus事件

14.2.5 onLoad事件

当加载网页文档时，会引发onLoad事件。onLoad事件的作用是在首次载入一个页面文件时检测Cookie的值，并用一个变量为其赋值，使其可以被源代码使用。

举例：

```
<!doctype html>
<html>
<head>
<meta http-equiv="content-type" content="text/html; charset=gb2312" />
<title>onLoad事件</title>
<script type="text/JavaScript">
<!--
function MM_popupMsg(msg) { //v1.0
alert(msg);
}
//-->
</script>
</head>
<body onLoad="MM_popupMsg('欢迎光临！')">
<img src="10.jpg" width="420" height="240">
</body>
</html>
```

在代码中加粗的部分为设置onLoad事件，在浏览器中预览时，会自动弹出提示对话框，如图14.10所示。

图14.10 onLoad事件

14.2.6 onUnload事件

当退出网页时引发onUnload事件，并可更新Cookie的状态。

举例：

```
<!doctype html>
<html>
<head>
<meta http-equiv="content-type" content="text/html; charset=gb2312" />
<title>onUnload事件</title>
<script type="text/JavaScript">
<!--
function MM_popupMsg(msg) { //v1.0
alert(msg);
}
//-->
</script>
</head>
<body onUnload="MM _ popupMsg('关闭本文档！')">
<img src="10. jpg" width="420" height="240">
</body>
</html>
```

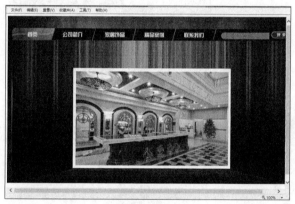

图14.11 浏览效果

在代码中加粗的部分为设置onUnload事件，在浏览器中预览，效果如图14.11所示。单击"关闭"按钮，退出页面时弹出图14.12所示的提示对话框。

图14.12 onUnload事件

14.2.7 onBlur事件

onBlur事件正好与onFocus事件相对，当text对象、textarea对象或select对象不再拥有焦点而退到后台时，引发该事件。

举例：

```
<!doctype html>
<html>
<head>
<meta http-equiv="content-type" content="text/html; charset=gb2312" />
```

```
<title>onBlur事件</title>
<script type="text/JavaScript">
<!--
function MM_popupMsg(msg) { //v1.0
alert(msg);
}
//-->
</script>
</head>
<body>
<p>会员注册：</p>
<p>账号：
<input name="textfield" type="text" onBlur="MM_popupMsg('文档中的"账号"文本域失去焦点！')" />
</p>
<p>密码：
<input name="textfield2" type="text" onBlur="MM_popupMsg('文档中的"密码"文本域失去焦点！')" />
</p>
</body>
</html>
```

在代码中加粗的部分为设置onBlur事件，在浏览器中预览效果，将光标移动到任意一个文本框中，再将光标移动到其他的位置，就会弹出一个提示对话框，说明某个文本框失去焦点，如图14.13所示。

图14.13 onBlur事件

14.2.8 onDblClick事件

onDblClick是鼠标双击时触发的事件。

举例：

```
<!doctype html>
<html>
<head>
<meta http-equiv="content-type" content="text/html; charset=gb2312" />
<title>onDblClick事件</title>
<script type="text/JavaScript">
<!--function MM_openBrWindow(theURL,winName,features) { //v2.0
window.open(theURL,winName,features);}
//-->
</script>
</head>
<body onDblClick="MM_openBrWindow('open.htm','','width=700,height=530')">
双击此链接，可以打开"christmas.htm"网页文档。
</body>
</html>
```

在代码中加粗的部分为设置onDblClick事件，在浏览器中预览，效果如图14.14所示。

在文档中双击链接，打开网页文档，如图14.15所示。

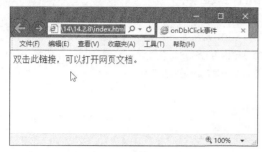

图14.14 onDblClick事件

图14.15 打开christmas.htm网页文档

14.2.9 其他常用事件

在JavaScript中还提供了一些其他的事件，如表14-1所示。

表14-1 其他常用事件

事 件	描 述
onmousedown	按下鼠标时触发此事件
onmouseup	鼠标按下后松开鼠标时触发此事件
onmousemove	鼠标移动时触发此事件
onkeypress	当键盘上的某个键被按下并且释放时触发此事件
onkeydown	当键盘上某个按键被按下时触发此事件
onkeyup	当键盘上某个按键被放开时触发此事件
onabort	图片在下载时被用户中断时触发此事件
onbeforeunload	当前页面的内容将要被改变时触发此事件
onerror	出现错误时触发此事件
onmove	浏览器的窗口被移动时触发此事件
onresize	当浏览器的窗口大小被改变时触发此事件
onscroll	浏览器的滚动条位置发生变化时触发此事件
onstop	浏览器的"停止"按钮被按下或者正在下载的文件被中断时触发此事件
onreset	当表单中的reset属性被激发时触发此事件
onsubmit	一个表单被递交时触发此事件
onbounce	当Marquee内的内容移动至Marquee显示范围之外时触发此事件
onfinish	当Marquee元素完成需要显示的内容后触发此事件
onstart	当Marquee元素开始显示内容时触发此事件
onbeforecopy	当页面当前的被选择内容将要复制到浏览者的系统剪贴板前触发此事件
onbeforecut	当页面中的一部分或者全部的内容将被移离当前页面剪切并移动到浏览者的系统剪贴板时触发此事件
onbeforeeditfocus	当前元素将要进入编辑状态时触发此事件
onbeforepaste	内容将要从浏览者的系统剪贴板粘贴到页面中时触发此事件
onbeforeupdate	当浏览者粘贴系统剪贴板中的内容时通知目标对象
oncontextmenu	当浏览者按下鼠标右键出现菜单时或者通过键盘的按键触发页面菜单时触发此事件
oncopy	当页面当前的被选择内容被复制后触发此事件
oncut	当页面当前的被选择内容被剪切时触发此事件
ondrag	当某个对象被拖曳时触发此事件[活动事件]

（续表）

事　件	描　述
ondragdrop	一个外部对象被拖进当前窗口或者帧时触发此事件
ondragend	当鼠标拖曳结束时触发此事件，即鼠标被释放
ondragenter	当对象被鼠标拖曳的对象进入其容器范围内时触发此事件
ondragleave	当对象被鼠标拖曳的对象离开其容器范围内时触发此事件
ondragover	当某被拖曳的对象在另一对象容器范围内拖动时触发此事件
ondragstart	当某对象将被拖曳时触发此事件
ondrop	在一个拖曳过程中，释放鼠标时触发此事件
onlosecapture	当元素失去鼠标移动所形成的选择焦点时触发此事件
onpaste	当内容被粘贴时触发此事件
onselectstart	当文本内容选择将开始发生时触发此事件
onafterupdate	当数据完成由数据源到对象的传送时触发此事件
oncellchange	当数据来源发生变化时触发此事件
ondataavailable	当数据接收完成时触发此事件
ondatasetchanged	数据在数据源发生变化时触发此事件
ondatasetcomplete	当来自数据源的全部有效数据读取完毕时触发此事件
onerrorupdate	当使用onBeforeUpdate事件触发取消了数据传送时，代替onAfterUpdate事件
onrowenter	当前数据源的数据发生变化并且有新的有效数据时触发此事件
onrowexit	当前数据源的数据将要发生变化时触发此事件
onrowsdelete	当前数据记录将被删除时触发此事件
onrowsinserted	当前数据源将要插入新数据记录时触发此事件
onafterprint	当文档被打印后触发此事件
onbeforeprint	当文档即将打印时触发此事件
onfilterchange	当某个对象的滤镜效果发生变化时触发此事件
onhelp	当浏览者按下F1键或者浏览器的帮助选择时触发此事件
onpropertychange	当对象的属性之一发生变化时触发此事件
onreadystatechange	当对象的初始化属性值发生变化时触发此事件

14.3　课堂练习——将事件应用于按钮中

事件响应编程是JavaScript编程的主要方式，在前面介绍时已经大量使用了事件处理程序。下面通过一个综合实例介绍如何将事件应用在按钮中，具体操作步骤如下。

01 使用Dreamweaver 打开网页文档，如图14.16所示。

```
<form name="buttonForm">
<input type="button" value="按钮" name=
"button1" onclick="alert('按钮被单击')"><br>
</form>
<script language="JavaScript">
<!--
function clickbutton1(){
document.buttonForm.button1.click();
}
-->
</script>
```

图14.16 打开网页文档

打开拆分视图，在<body>和</body>之间相应的位置输入以下代码，如图14.17所示。

 保存文档，在浏览器中浏览，效果如图14.18所示。

图14.17 输入代码

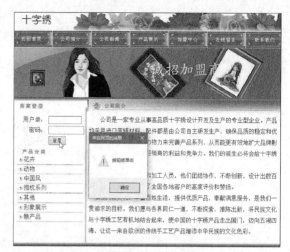

图14.18 将事件应用于按钮中的效果

14.4 本章小结

事件是JavaScript中最吸引人的地方，因为它提供了一个平台，让用户不仅能够浏览页面中的内容，而且还可以和页面元素进行交互。但由于事件的产生和捕捉都与浏览器相关，因此，不同的浏览器所支持的事件都有所不同。HTML中所规定的事件是各大浏览器都支持的事件，本章里介绍了HTML标准中规定的几种事件，这几种事件都是在JavaScript编程中常用的事件，希望读者要熟练掌握这些事件。

14.5 课后习题

1. 填空题

（1）JavaScript事件可以分为下面几种不同的类别。最常用的类别是_____事件，然后是_____事件。

（2）事件的类型有很多种，如_____、_____、_____、_____等。

（3）鼠标单击事件是最常用的事件之一，当用户单击鼠标时，产生_____事件，同时onClick指定的事件处理程序或代码将被调用执行。

（4）当加载网页文档时，会产生_____事件。该事件的作用是在首次载入一个页面文件时检测Cookie的值，并用一个变量为其赋值，使其可以被源代码使用。

2. 操作题

利用JavaScript制作图14.19所示的显示计时文本。

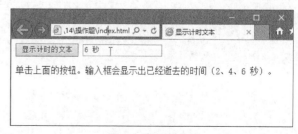

图14.19 显示计时文本

第15章

JavaScript中的函数和对象

JavaScript可以说是一个基于对象的编程语言，为什么说是基于对象而不是面向对象，因为JavaScript自身只实现了封装，而没有实现继承和多态。对象在JavaScript中无处不在，包括可以构造对象的函数本身也是对象。JavaScript中的函数本身就是一个对象，而且可以说是最重要的对象。之所以称之为最重要的对象，一方面它可以扮演像其他语言中的函数同样的角色，可以被调用，可以被传入参数；另一方面它还被作为对象的构造器来使用，可以结合new操作符来创建对象。

───────── 学习目标 ─────────

- 掌握函数的定义
- 掌握浏览器对象

- 掌握JavaScript对象的声明的引用

15.1 函数概述

JavaScript中的函数是可以完成某种特定功能的一系列代码的集合，在函数被调用前，函数体内的代码并不执行，即独立于主程序。编写主程序时不需要知道函数体内的代码如何编写，只需要使用函数方法即可。可把程序中大部分功能拆解成一个个函数，使程序代码结构清晰，易于理解和维护。函数的代码执行结果不一定是一成不变的，可以通过向函数传递参数，以解决不同情况下的问题，函数也可返回一个值。

函数是进行模块化程序设计的基础，编写复杂的应用程序，必须对函数有更深入的了解。JavaScript中的函数不同于其他的语言，每个函数都是作为一个对象被维护和运行的。通过函数对象的性质，可以很方便地将一个函数赋值给一个变量或者将函数作为参数传递。在继续讲述之前，先看一下函数的使用语法。

```
function func1(…){…}
var func2=function(…){…};
var func3=function func4(…){…};
var func5=new function();
```

这些都是声明函数的正确语法。可以用关键字function定义一个函数，并为每个函数指定一个函数名，通过函数名来进行调用。在JavaScript解释执行时，函数都被维护为一个对象，这就是要介绍的函数对象（Function Object）。

函数对象与其他用户所定义的对象有着本质的区别，这一类对象被称为内部对象，例如日期对象（Date）、数组对象（Array）、字符串对象（String）都属于内部对象。这些内部对象的构造器是由JavaScript本身所定义的：执行new Array()这样的语句返回一个对象，JavaScript内部有一套机制来初始化返回的对象，而不是由用户来指定对象的构造方式。

函数就是包裹在大括号中的代码块，下面使用关键字function定义一个函数。

```
function functionname()
{
    这里是要执行的代码
}
```

当调用该函数时，会执行函数内的代码。

可以在某事件发生时（如当用户单击按钮时）直接调用函数，并且可由JavaScript在任何位置进行调用。

15.2 函数的定义

使用函数首先要学会如何定义，JavaScript的函数属于Function对象，因此可以使用Function对象的构造函数来创建一个函数。同时也可以使用关键字function以普通的形式来定义一个函数。下面就讲述函数的定义方法。

15.2.1 函数的普通定义方式

普通定义方式是使用关键字function，这也是最常用的方式，形式上跟其他的编程语言一样。

语法：

```
function 函数名(参数1,参数2,…)
{   [语句组]
```

```
    return  ［表达式］
  }
```

说明如下。

- function：必选项，定义函数用的关键字。
- 函数名：必选项，合法的JavaScript标识符。
- 参数：可选项，合法的JavaScript标识符，外部的数据可以通过参数传送到函数内部。
- 语句组：可选项，JavaScript程序语句，当为空时函数没有任何动作。
- return：可选项，遇到此指令的函数执行结束并返回，当省略该项时函数将在右大括号处结束。

举例：

```
<!doctype html>
<html>
<head>
<meta charset="utf-8">
<title>无标题文档</title>
<script type="text/javascript">
function displaymessage()
{
alert("欢迎你！");
}
</script>
</head>
<body>
<form>
<input type="button" value="单击弹出窗口" onClick="displaymessage()" />
</form>
</body>
</html>
```

这段代码首先在JavaScript内建立一个displaymessage()显示函数。在正文文档中插入一个按钮，当单击按钮时，显示"欢迎你！"。运行代码，在浏览器中预览，效果如图15.1所示。

图15.1 函数的普通定义方式

15.2.2 函数的变量定义方式

在JavaScript中，函数对象对应的类型是Function，正如数组对象对应的类型是Array，日期对象对应的类型是Date一样，可以通过new Function()来创建一个函数对象。

语法：

```
    var 变量名=new Function([参数1,参数2,…], 函数体);
```

说明如下。

- 变量名：必选项，代表函数名，是合法的JavaScript标识符。
- 参数：可选项，作为函数参数的字符串，必须是合法的JavaScript标识符，当函数没有参数时可以忽略此项。
- 函数体：可选项，一个字符串；相当于函数体内的程序语句系列，各语句之间使用分号隔开。

用new Function()的形式来创建一个函数是不常见的，因为一个函数体通常会有多条语句，如果将它们以一个字符串的形式作为参数传递，其代码的可读性差。

举例：

```
<script language="javascript">
var circularityArea=new Function( "r", "return r*r*Math.PI" );   //创建一个函数对象
var rCircle=3;                                                    //给定圆的半径
var area=circularityArea(rCircle);                               //使用求圆面积的函数求面积
document.write ("半径为3的圆面积为: "+area);                       //输出结果
</script>
```

该代码使用变量定义方式来定义一个求圆面积的函数，设定一个半径为3的圆并求其面积。运行代码，在浏览器中预览，效果如图15.2所示。

图15.2　函数的变量定义方式

15.2.3　函数的指针调用方式

在前面的代码中，函数的调用方式是最常见的，但是JavaScript中函数调用的形式比较多，非常灵活。有一种重要的、在其他语言中也经常使用的调用形式叫作回调，其机制是通过指针来调用函数。回调函数按照调用者的约定实现函数的功能，由调用者调用。通常使用在自己定义功能而由第三方去实现的场合，下面举例说明，代码如下。

举例：

```
<script language="javascript">
function SortNumber(obj, func)         //定义通用排序函数
{ //参数验证，如果第一个参数不是数组或第二个参数不是函数则抛出异常
    if(!(obj instanceof Array) || !(func instanceof Function))
    {  var e=new Error();              //生成错误信息
       e.numbe=100000;                 //定义错误号
       e.message="参数无效";           //错误描述
       throw e;                        //抛出异常
    }
    for(n in obj)                      //开始排序
    {  for(m in obj)
       { if(func( obj[n], obj[m]))     //使用回调函数排序，规则由用户设定
    {var tmp = obj[n];
    obj[n] = obj[m];
```

```
              obj[m] = tmp;}
         }
      }
   return obj;                                    //返回排序后的数组
}
function greatThan( arg1, arg2 )                  //回调函数，用户定义的排序规则
{   return arg1 < arg2;                           //规则是从大到小
}
try
{   var numAry=new Array(4, 16, 17, 6, 22, 55, 99, 86  );   //生成一数组
    document.write("<li>排序前："+numAry);       //输出排序前的数据
    SortNumber(numAry,greatThan )                 //调用排序函数
    document.write("<li>排序后："+numAry);       //输出排序后的数组
}
catch(e)
{   alert(e.number+": "+e.message);               //异常处理
}
</script>
```

这段代码演示了回调函数的使用方法。首先定义一个通用排序函数SortNumber(obj, func)，其本身不定义排序规则，规则交由第三方函数实现。接着定义一个greatThan(arg1, arg2)函数，其内创建一个以由小到大为关系的规则。document.write("<li>排序前："+numAry)输出未排序的数组。接着调用SortNumber(numAry, greatThan)函数排序。运行代码，在浏览器中预览，效果如图15.3所示。

图15.3 函数的指针调用方式

15.3 JavaScript对象的声明和引用

每个对象有它自己的属性、方法和事件。对象的属性是反映该对象某些特定性质的，例如字符串的长度、图像的长宽、文字框里的文字等；对象的方法能对该对象做一些事情，例如表单的"提交"（Submit），窗口的"滚动"（Scrolling）等；而对象的事件能响应发生在对象上的事情，例如提交表单产生表单的"提交事件"，单击链接产生的"点击事件"。不是所有的对象都有以上3个性质，有些没有事件，有些只有属性。

15.3.1 声明和实例化

在定义类时，只是通知编译器需要准备多大的内存空间，并没有为它分配内存空间。只有在用类创建了对象后，才会真正占用内存空间。

1. 声明对象

对象的声明和基本类型的数据声明在形式上是一样的。对象名也是用户标识符，和基本类型的变量遵循同样的命名规则和使用规则。声明一个变量，并不会分配一个完整的对象所需要的内存空间，只是将对象名所代表的变量看成是一个引用变量，并为它分配所需内存空间，它所占用的空间远远小于一个类的对象所需要的空间。

2. 实例化对象

用关键字new创建一个新对象，即进行实例化。实例化的过程就是为对象分配内存空间的过程，此时，对象才成为类的实例。new所执行的具体操作是调用相应类中的构造方法（包括祖先类的构造方法）来完成内存分配以及变量的初始化工作，然后将分配的内存地址返回给所定义的变量。

例如要创建一个student（学生）对象，每个对象又有属性：name（姓名）、address（地址）、phone（电话），则在JavaScript中可使用自定义对象。下面分步进行讲解。

（1）首先定义一个函数来构造新的对象student，这个函数成为对象的构造函数。

```
function student(name,address,phone)   // 定义构造函数
{
    this.name=name;                    //初始化姓名属性
    this.address=address;              //初始化地址属性
    this.phone=phone;                  //初始化电话属性
}
```

（2）在student对象中定义一个printstudent方法，用于输出学生信息。

```
Function printstudent()                       // 创建printstudent函数的定义
{
    line1="name:"+this.name+"<br>\n";         //读取name信息
    line2="address:"+this.address+"<br>\n";   //读取address信息
    line3="phone:"+this.phone+"<br>\n"        //读取phone信息
    document.writeln(line1,line2,line3);      //输出学生信息
}
```

（3）修改student对象，在student对象中添加printstudent函数的引用。

```
function student(name,address,phone)      //构造函数
{
    this.name=name;                       //初始化姓名属性
    this.address=address;                 //初始化地址属性
    this.phone=phone;                     //初始化电话属性
    this.printstudent=printstudent;       //创建printstudent函数的定义
}
```

（4）实例化一个student对象并使用。

```
tom=new student("轩轩","新华路156号","010-1234567";   // 创建轩轩的信息
tom.printstudent()                                     // 输出学生信息
```

上面分步讲解是为了更好地说明一个对象的创建过程，但真正的应用开发则要一气呵成，灵活设计。

举例：

```
<!doctype html>
<html>
<head>
<meta charset="utf-8">
<title>无标题文档</title>
</head>
<script language="javascript">
function student(name,address,phone)
```

```
    {
        this.name=name;                                    //初始化学生信息
        this.address=address;
        this.phone=phone;
        this.printstudent=function()                       //创建printstudent函数的定义
        {
            line1="姓名: "+this.name+"<br>\n";             //输出学生信息
            line2="地址: "+this.address+"<br>\n";
            line3="电话: "+this.phone+"<br>\n"
            document.writeln(line1, line2, line3);
        }
    }
    Tom=new student("轩轩","新华路1***56号","010-88***567");   //创建轩轩的信息
    Tom.printstudent()                                     //输出学生信息
</script>
```

该代码是声明和实例化一个对象的过程。首先使用function student()定义了一个对象类构造函数student，包含3种信息，即3个属性：姓名、地址和电话。最后两行创建一个student对象并输出其中的信息。关键字this表示当前对象即由函数创建的那个对象。运行代码，在浏览器中预览，效果如图15.4所示。

图15.4 实例效果

15.3.2 对象的引用

JavaScript提供了一些非常有用的常用内部对象和方法。用户不需要用脚本来实现这些功能。这正是基于对象编程的真正目的。

对象的引用其实就是对象的地址，可以通过这个地址找到对象的所在。取得对象的引用即可对进行操作，例如调用对象的方法、读取或设置对象的属性等。对象的来源有如下几种方式。

- 引用JavaScript内部对象。
- 由浏览器环境中提供。
- 创建新对象。

这就是说一个对象在被引用之前，这个对象必须存在，否则引用将毫无意义，而且出现错误信息。从上面可以看出，JavaScript引用对象可通过3种方式获取。要么创建新的对象，要么利用现存的对象。

举例：

```
<script language="javascript">
var date;                              //声明变量
date=new date();                       //创建日期对象
date=date.toLocaleString( );           //将日期置换为本地格式
alert( date );                         //输出日期
</script>
```

这里变量date引用了一个日期对象，使用date=date.toLocaleString( )通过date变量调用日期对象的toLocaleString()方法将日期信息以一个字符串对象的引用返回，此时date的引用已经发生了改变，指向一个string对象。运行代码，在浏览器中预览，效果如图15.5所示。

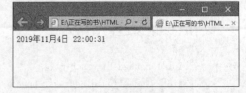

图15.5 对象的引用

15.4　浏览器对象

　　使用浏览器的内部对象系统,可实现与HTML文档进行交互。它的作用是将相关元素组织包装起来,提供给程序设计人员使用,从而减少编程人员的工作量,提高设计Web页面的能力。浏览器的内部对象主要包括以下几个。

15.4.1　课堂实例——利用navigator对象获取浏览器对象的属性值

　　navigator是一个独立的对象,用于提供用户所使用的浏览器以及操作系统等信息,以navigator对象属性的形式来提供。

　　在进行Web开发时,可以通过navigator对象的属性来确定用户浏览器版本,进而编写针对相应浏览器版本的代码。

　　语法:

```
navigator.appName
navigator.appCodeName
navigator.appVersion
navigator.userAgent
navigator.platform
navigator.language
```

　　说明:navigator.appName可获取浏览器名称,navigator.appCodeName可获取浏览器的代码名称,navigator.appVersion可获取浏览器的版本,navigator.userAgent可获取浏览器的用户代理,navigator.platform可获取平台的类型,navigator.language可获取浏览器的使用语言。

　　举例:

```
<!doctype html>
<html>
<head>
<meta charset="utf-8">
<title>无标题文档</title></head>
<Script language="javascript">
with (document)
{
    write ("浏览器信息: <OL>");
    write ("<LI>代码: "+navigator.appCodeName);
    write ("<LI>名称: "+navigator.appName);
    write ("<LI>版本: "+navigator.appVersion);
    write ("<LI>语言: "+navigator.language);
    write ("<LI>编译平台: "+navigator.
platform);
    write ("<LI>用户表头: "+navigator.
userAgent);
    }
</Script>
</body>
</html>
```

图15.6　获取浏览器对象的属性值

　　运行代码的效果如图15.6所示,显示了浏览器的代码、名称、版本、语言、编译平台和用户表头等信息。

15.4.2 课堂实例——利用window对象控制显示窗口的大小

window对象表示一个浏览器窗口或一个框架。在客户端JavaScript中，window对象是全局对象，所有的表达式都在当前的环境中计算。也就是说，要引用当前窗口根本不需要特殊的语法，可以把那个窗口的属性作为全局变量来使用。例如，可以只写document，而不必写成window.document。

window对象是JavaScript浏览器对象模型中的顶层对象，其包含多个常用方法和属性。每个窗口（包括浏览器窗口和框架窗口）对应于一个window对象。

window对象常用的方法主要如表15-1所示。

表15-1   window对象常用的方法

方法	方法的含义及参数说明
open(url,windowName,parameterlist)	创建一个新窗口，3个参数分别用于设置URL地址、窗口名称和窗口打开属性（一般可以包括宽度、高度、定位、工具栏等）
close()	关闭一个窗口
alert(text)	弹出式窗口，text参数为窗口中显示的文字
confirm(text)	弹出确认域，text参数为窗口中的文字
promt(text,defaulttext)	弹出提示框，text为窗口中的文字，defaulttext默认的输入文本
moveby(水平位移，垂直位移)	将窗口移至指定的位移
moveto(x,y)	将窗口移动到指定的坐标
resizeby(水平位移,垂直位移)	按给定的位移量重新设置窗口大小
resizeto(x,y)	将窗口设定为指定大小
back()	页面后退
forward()	页面前进
home()	返回主页
stop()	停止装载网页
print()	打印网页
status	状态栏信息
location	当前窗口URL信息

有时候需要控制显示窗口的大小，可以使用resizeTo把窗口设置成指定的宽度和高度,也可以在处理该事件时进行窗口尺寸的调整。

语法：

```
resizeTo(w,h);
```

说明：把窗体宽度调整为w个像素，高度调整为h个像素，w与h不能使用负数。

举例：

```
<!doctype html>
<html>
<head>
<meta charset="utf-8">
<title>无标题文档</title>
</head>
<body>
```

```
<input type="button" value="控制自己的浏览器"
onclick="window.resizeTo(600,400);" />
<input type="button" value="调整宽为50像素，
高为60像素！"
onclick="window.resizeTo(50,60);" />
<input type="button" value="调整宽为500像素，
高为600像素！"
onclick="window.resizeTo(500,600);" />
</body>
</html>
```

单击相应的按钮即可控制窗口宽度，运行代码，在
浏览器中预览，效果如图15.7所示。

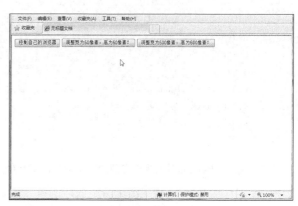

图15.7　调整窗口的大小

15.4.3　课堂实例——利用location对象获取当前页面的URL

location对象描述的是某一个窗口对象所打开的地址。要表示当前窗口的地址，只需要使用location对象就行了。

在网页编程中，经常会遇到地址的处理问题，这些都与地址本身的属性有关，这些属性大多都是用来引用当前文档的URL的各个部分。location对象中包含了有关URL的信息。

语法：

```
location.href
location.protocol
location.pathname
location.hostname
location.host
```

说明：href属性设置URL的整体值，protocol属性设置URL内的http及ftp等协议类型的值，hostname属性设置URL内的主机名称的值，pathname属性设置URL内的路径名称的值，host属性设置主机名称及端口号的值。

举例：

```
<!doctype html>
<html>
<head>
<meta charset="utf-8">
<title>无标题文档</title>
<script language="javascript">
function getMsg()
{
    url=window.location.href;
    with(document)
    {
        write("协议："+location.protocol+"<br>");
        write("主机名："+location.hostname+"<br>");
        write("主机和端口号："+location.host+"<br>")
        write("路径名："+location.pathname+"<br>");
        write("整个地址："+location.href+"<br>");
    }
```

```
}
</script>
</head>
<body>
<input type="submit" name="Submit" value="获取指定地址属性值"
onclick="getMsg()" />
</body>
</html>
```

本实例通过location对象获得当前的URL信息，运行代码，效果如图15.8和图15.9所示。

图15.8 获取指定地址的各属性值

图15.9 获取指定地址的各属性值

15.4.4 课堂实例——用history对象制作前进到上一页和后退到下一页

JavaScript中的history对象包含的用户已浏览的URL的信息，是指浏览器的浏览历史。history对象在JavaScript中是用来后退的，基本写法history.back()是常用的写法。

history对象是window对象的属性，history对象没有事件，但有4个属性，如下所示。

- current属性表示窗口中当前所显示文档的URL。
- length属性表示历史列表的长度。
- next属性表示历史列表中的下一个URL。
- previous属性表示历史列表中的上一个URL。

history对象提供了3个方法来访问历史列表。

- history.back()，载入历史列表中前一个网址，相当于按"后退"按钮。
- history.forward()，载入历史列表中后一个网址，（如果有的话）相当于按"前进"按钮。
- history.go()，打开历史列表中一个网址。要使用这个方法，必须在括号内指定一个正数或负数。例如，history.go（-2）相当于按两次"后退"按钮。

history对象可以实现网页上的前进和后退效果，有forward()和back()两种方法。forward()方法可以前进到下一个访问过的URL，该方法和单击浏览器中的"前进"按钮的结果是一样的。back()方法可以返回到上一个访问过的URL，调用该方法与单击浏览器中的"后退"按钮的结果是一样的。

举例：

```
<!doctype html>
<html>
<head>
<meta charset="utf-8">
<title>无标题文档</title>
```

```
</head>
<body>
<form name="buttonbar">
<input type="button" value="上一页"
onClick="history.back()">
<input type="button" value="下一页"
onCLick="history.forward()">
</form>
<a href="shang.html"><li>上一页
<a href="xia.html"><li>下一页
</body>
</html>
```

图15.10　前进到上一页和后退到下一页

运行代码，效果如图15.10所示。

15.4.5　课堂实例——用document对象来显示文档的最后修改时间

document对象又称为文档对象，该对象是JavaScript中最重要的一个对象。document对象是window对象中的一个子对象，window对象代表浏览器窗口，而document对象代表了浏览器窗口中的文档，用于描述当前窗口或指定窗口对象的文档。它包含了文档从<head>到</body>的内容。

document对象是JavaScript中使用最多的对象，因为document对象可以操作HTML文档的内容和对象。document对象除了有大量的方法和属性之外，还有大量的子对象，这些对象可以用来控制HTML文档中的图片、超链接、表单元素等控件。

document对象中的lastModified属性可以显示文档的信息。在JavaScript中，为document对象定义了lastModified属性，使用该属性可以得到当前文档最后一次被修改的具体日期和时间。本地计算机上的每个文件都有最后修改的时间，所以在服务器上的文档也有最后修改的时间。当客户端能够访问服务器端的该文档时，客户端就可以使用lastModified属性来得到该文档的最后修改时间。

```
<!doctype html>
<html>
<head>
<meta charset="utf-8">
<title>无标题文档</title>
</head>
<body>
<script language="javascript">
with(document)          //访问document对象的属性
{    writeln("最后修改时间："+document.
lastModified+"<br>");          //显示修改时间
    writeln("文档标题:"+document.title+"<br>");
                               //显示标题
  writeln("URL:"+document.URL+"<br>");
                    //显示URL
}
</script>
</body>
</html>
```

图15.11　文档最后修改时间

本实例运用document对象来显示文档的最后修改时间，效果如图15.11所示。

15.5 课堂练习——定时关闭网页窗口

JavaScript最强大的功能在于能够直接访问浏览器窗口对象及其中的子对象。

本实例讲述如何定时关闭网页器窗口，具体操作步骤如下。

01 使用Dreamweaver打开网页文档，如图15.12所示。

02 打开拆分视图，在<head>和</head>之间相应的位置输入以下代码，如图15.13所示。

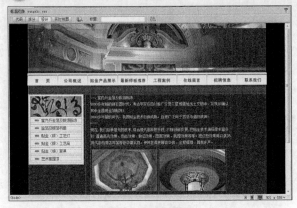

图15.12 打开网页文档　　　　　　　　　　　　　　图15.13 输入代码

```
<script language="javascript">
<!--
function clock()
{   i=i-1
    document.title="本窗口将在"+i+"秒后自动关闭!";
    if(i>0) setTimeout("clock();",1000);
    else self.close();}
var i=10
clock();
//-->
</script>
```

03 保存文档，在浏览器中浏览，效果如图15.14所示。

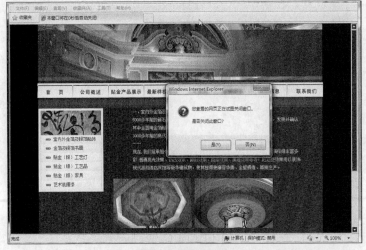

图15.14 定时关闭效果

15.6 本章小结

JavaScript可以根据需要创建自己的对象，从而进一步扩大JavaScript的应用范围，增强了编写功能。另外函数是进行模块化程序设计的基础，编写复杂的Ajax应用程序，必须对函数有更深入的了解。本章主要讲述了JavaScript中的函数和对象的基础知识。

15.7 课后习题

1. 填空题

（1）函数对象与其他用户所定义的对象有着本质的区别，这一类对象被称为内部对象，例如＿＿＿＿＿＿、＿＿＿＿＿＿、＿＿＿＿＿＿都属于内部对象。

（2）使用函数首先要学会如何定义，JavaScript的函数属于＿＿＿＿＿＿，因此可以使用＿＿＿＿＿＿的构造函数来创建一个函数。

（3）用关键字＿＿＿＿创建一个新对象，即进行实例化。实例化的过程就是为对象分配内存空间的过程，此时，对象才成为类的实例。

（4）＿＿＿＿对象表示一个浏览器窗口或一个框架。在客户端JavaScript中，＿＿＿＿对象是全局对象，所有的表达式都在当前的环境中计算。

2. 操作题

制作一个"鼠标使链接变色"改变背景颜色，如图15.15所示。

 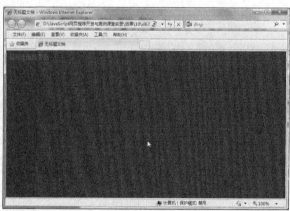

图15.15 改变背景颜色

第**16**章

综合案例：公司宣传网站的布局

随着网络的普及，企业拥有自己的网站已是必然的趋势。企业网站作为电子商务时代企业对外的窗口，起着提高企业知名度，展示和提升企业形象、查询企业产品信息，提供售后服务等重要作用，因而越来越受企业的重视。

───────────────── 学习目标 ─────────────────

- 熟悉公司宣传网站排版构架的方法点
- 掌握公司宣传网站各部分设计要

16.1 企业网站设计分析

在企业网站的设计中，既要考虑商业性，又要考虑艺术性，企业网站需将商业性和艺术性结合。好的网站设计，有助于企业树立良好的社会形象，更直观地展示企业的产品和服务。好的企业网站首先看商业性设计，包括功能设计、栏目设计、页面设计等。和商业性相对应的就是艺术性，艺术性要求怎么更好地传达信息，怎样让访问者更好地接触信息，怎样给访问者创造一个愉悦的视觉环境，留住访问者视线等。

16.1.1 企业网站内容设计

企业网站是以企业宣传为主题构建的网站，域名后缀一般为.com。与一般门户型网站不同，企业网站相对来说信息量比较少。内容设计主要是从企业简介、产品展示、服务等几个方面来进行的。这种网站一般没有过多的颜色修饰，整体风格是最重要的，而且网站的更新频率相对较高，一般都包含企业新闻的发布系统。

网站给人的第一印象是色彩，因此确定网站的色彩搭配是相当重要的一步。一般来说，一个网站的标准色彩不应超过3种，太多则让人眼花缭乱。标准色彩用于网站的标志、标题、导航栏和主色块，给人以整体统一的感觉。至于其他色彩在网站中也可以使用，但只能作为点缀和衬托，绝不能喧宾夺主。

本章制作的企业宣传网站的效果如图16.1所示。蓝色沉稳、严肃的色彩内涵，更能体现企业稳重大气的主题。

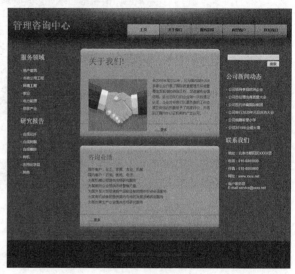

图16.1 企业宣传网站

16.1.2 排版构架

网站的主页是整个网站的门面，通常要设计得简洁、大方。在主页上应该显示出网站的主要栏目和企业概况。

由于整个主页的内容和栏目相对较多，因此应设计成常用的三行三列式布局，如图16.2所示。在"header"层中显示网站Logo和导航信息，在"footer"层中放置网站的版权信息；在"page"层中分三列显示网站的主要内容。页面的主体部分首先展示图片，采用人物造型能够体现出公司的活力以及积极向上的精神风貌，接下来展示公司的咨询业绩。整个页面布局并不太复杂，只是里面有嵌套的div，相应的代码框架如下。

```
<div id="header">
    <div id="logo"></div>
    <div id="menu"></div>
</div>
<div id="page">
    <div id="leftbar" class="sidebar"></div>
    <div id="content"></div>
    <div class="sidebar" id="rightbar"></div>
</div>
<div id="footer">
</div>
```

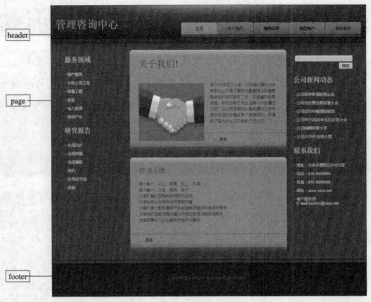

图16.2　页面布局图

16.2　各部分设计

对主页和内容进行详细的布局分析后，接下来就可以进行网页的具体设计了。

16.2.1　Logo与顶部导航

一般企业网站通常都将Logo和导航放置在页面的上方，让用户一进入网站就能够看到。下面制作Logo与顶部导航部分，这部分主要放在"header"层中，如图16.3所示。

图16.3　Logo与顶部导航

使用如下的CSS代码定义"header"层的样式，其中定义了"header"层的高度为150px，背景图像为img02.jpg，背景图像不重复并且居中靠顶部对齐，应用"text-transform: lowercase"定义"header"层中的每个单词的第一个字母大写。此时效果如图16.4所示。

```
<div id="header"></div>
#header { // 定义header对象样式
    height: 150px;
    background: url(images/img02.jpg) no-repeat center top;
    text-transform: lowercase;
}
```

图16.4　header对象预览效果

使用如下的CSS代码定义Logo的浮动方式为靠左浮动，并且定义Logo中的文字颜色、文字大小等样式。在浏览器中预览，效果如图16.5所示。

图16.5　预览Logo对象效果

```
<div id="logo">
        <h1 class="STYLE1">管理咨询中心</h1>
    <p> </p>
 </div>
#logo {// 定义Logo浮动在左侧
    float: left;
}
#logo h1, #logo p {
    float: left;
    margin: 0;
    line-height: normal;
}
#logo h1 { // 定义文字的颜色大小
    padding: 47px 0 0 20px;
    font-size: 36px;
    color: #62D6F5;
}
#logo p {
    padding: 69px 0 0 7px;
    letter-spacing: -1px;
    font-size: 1.4em;
    color: #199DD2;
}
#logo a {
    text-decoration: none;
    color: #62D6F5;
}
```

下面定义一个id为menu的<div>标记，在<menu>标记内插入一个无序列表，使用下面的CSS代码定义menu的浮动方式为靠右对齐，并且定义了无序列表的样式和列表中文字的样式。在浏览器中预览，效果如图16.6所示。

图16.6 预览导航菜单效果

```
<div id="menu">
    <ul>
            <li class="current_page_item"><a href="#">主页</a></li>
            <li><a href="#">关于我们</a></li>
            <li><a href="#">服务范围</a></li>
            <li><a href="#">典型客户</a></li>
            <li><a href="#">联系我们</a></li>
    </ul>
</div>
#menu { //定义#menu对象的浮动方式
    float: right;
}
#menu ul { //定义无序列表样式
    margin: 0;
    padding: 60px 20px 0 0;
    list-style: none;
}
#menu li {
```

```
        display: inline;
    }
#menu a {  //定义#menu对象中的导航文字样式
        float: left;
        width: 120px;
        height: 56px;
        margin: 0 0 0 2px;
        padding: 9px 0 0;
        background: #1B97CE url(images/img03.gif) no-repeat;
        text-decoration: none;
        text-align: center;
        letter-spacing: -1px;
        font-size: 1.1em;
        font-weight: bold;
        color: #000000;}
#menu a:hover, #menu .current_page_item a {  //定义背景图像
        background: #26BADF url(images/img04.gif) no-repeat;}
```

16.2.2 左侧导航

左侧的"leftbar"层中内容虽然不少，但主要是导航列表，制作比较简单。在"leftbar"层中导航设计成了无序项目列表，并将这个大块的宽度设置为200px，且向左浮动。对块中实际内容的项目列表采用常用的方法，即将<ul>标记的list-style属性设置为none，然后调整<li>标记的padding参数，设置每个列表前的项目符号用一幅GIF背景图像img08.gif代替，并且为每个<li>标记都设置了实线作为下画线。左侧导航部分效果如图16.7所示。

图16.7　左侧导航

```
    <ul>
      <li>
              <h2>服务领域</h2>
        <ul>
              <li><a href="#">地产建筑</a></li>
              <li><a href="#">市政公用工程</a></li>
              <li><a href="#"><font color="#FFFFFF">环境工程</font></a></li>
              <li><a href="#"><font color="#FFFFFF">农业</font></a></li>
              <li><a href="#">电力能源</a></li>
              <li><a href="#">信息产业</a></li>
        </ul>
              </li>
          <li>
                  <h2>研究报告</h2>
                  <ul>
                  <li><a href="#">合成化纤</a></li>
```

```
                    <li><a href="#">合成树脂</a></li>
                    <li><a href="#">合成橡胶</a></li>
                    <li><a href="#">有机</a></li>
                    <li><a href="#">农用化学品</a></li>
                    <li><a href="#">其他</a></li>
                </ul>
            </li>
        </ul>
.sidebar { //定义sidebar的宽度和浮动方式
    float: left;
    width: 200px;}
.sidebar ul {
    margin: 0;
    padding: 0;
    list-style: none;
    line-height: normal;}
.sidebar li {
}
.sidebar li ul {
}
.sidebar li li {
    padding: 6px 0 6px 10px; //定义列表的padding
    background: url(images/img08.gif) no-repeat 0 12px; //定义列表的项目符号
    border-bottom: 1px solid #2872A6; //实线作为列表的下画线
}
.sidebar li li a { //设置列表文字的样式
    text-decoration: none;
    color: #C9ECF5;
}
.sidebar li li a:hover {
    color: #FFFFFF;
}
.sidebar li h2 {
    padding-top: 20px;
    color: #FFFFFF;
}
```

16.2.3 主体内容

网页主体内容主要放在"content"层中，采用左浮动且固定宽度的版式设计，在"content"层中有"post1"和"post2"两个层，分别放置"关于我们"和"咨询业绩"两部分内容，主体内容部分效果如图16.8所示。

图16.8 主体内容

使用下列代码设置主体内容部分向左浮动、宽度为530px，并且设置填充属性等。

```
#content { //设置#content样式
    float: left; //设置左浮动
    width: 530px; //设置宽度
    padding: 0 0 0 25px; //设置填充属性
}
```

使用如下的代码定义post类样式，用于设置"post1"和"post2"两层中的对象，包括使用title属性定义标题文字的样式、使用entry属性定义正文文字的样式、使用links属性定义链接文字的样式。

```
.post { //定义post样式
    margin-bottom: 15px;
    background: #1EB5DD url(images/img05.gif) no-repeat;
    color: #0A416B;}
.post a {//定义post样式中的链接文字颜色
    color: #A4E4F5;}
.post a:hover { //定义post样式中的激活链接文字颜色
    color: #FFFFFF;}
.post .title { //定义段落标题样式title的边距和填充属性
    margin: 0;
    padding: 30px 30px 0 30px;}
.post .title a { //定义段落标题样式title的激活文字颜色和下画线样式
    text-decoration: none;
    color: #0A416B;}
.post .byline {margin: 0;
    padding: 0 30px;}
.post .entry { //定义段落正文样式entry的填充属性
    padding: 20px 30px 10px 30px;}
.post .links { //定义段落链接文字的样式links
    margin: 0;
    padding: 10px 30px 35px 30px;
    background: url(images/img06.gif) repeat-x left bottom;
    border-top: 1px solid #2872A6;}
.post .links a { //定义段落链接文字的激活样式
    padding-left: 10px;
    background: url(images/img08.gif) no-repeat left center;
    text-decoration: none;
    font-weight: bold;
    color: #0A416B;}
.post .links a:hover {//定义段落链接文字的激活颜色
    color: #FFFFFF;}
```

如下代码用于显示标题，并且给"关于我们"应用标题样式，在浏览器中预览，效果如图16.9所示。

```
<h1 class="title"><a href="#">关于我们!</a></h1>
```

图16.9　输入文字并设置链接

在名称为entry1的层中，是"关于我们"这部分的正文介绍内容，代码如下，在浏览器中预览，效果如图16.10所示。

图16.10 正文预览效果

```
<div class="entry">
<img src="images/img07.jpg" alt=""width="222" height="192" class="left" />
<p>自2008年成立以来，已为国内国外200多家企业开展了国际质量管理及环境管理体系标准的咨询工作，足迹遍布全国各地。咨询过我们的企业皆一次性通过认证，企业对专家们认真负责的工作态度及咨询的质量给予了高度评价。并得到了国内外认证机构的广泛认可。</p>
</div>
```

输入如下代码用"……更多"文字链接到更详细的公司介绍页面，在浏览器中预览，效果如图16.11所示。

```
<p class="links"><a href="#">......更多 </a></p>
```

图16.11 更多预览效果

使用同样的方法，输入如下代码制作咨询业绩部分，在浏览器中预览，效果如图16.12所示。

图16.12 咨询业绩部分效果

```
<div class="post" id="post2">
    <h2 class="title"><small><a href="#">咨询业绩</a></small></h2>
    <div class="entry" id="entry2">
    <p>国外客户：化工、家具、农业、机械 ……<br />
    国内客户：石油、医药、电子……<br />
    为某机械公司提供市场研究服务<br />
    为某制药企业提供市场营销方案<br />
        为国外某大型玻璃钢产品制造集团提供投资咨询服务<br />
        为某有机硅集团提供国内市场的发展战略咨询服务<br />
        为某炭黑生产企业提供市场研究服务</p>
    </div>
    <p class="links"><strong>……更多</strong></p>
</div>
```

16.2.4 制作"搜索"部分

表单中的元素很多，包括常用的文本框、单选按钮、复选框、下拉菜单和按钮等，可以利用CSS对表单样式的风格，如边框、背景色、宽度和高度等进行控制。这里制作的"搜索"部分效果如图16.13所示，主要是一个搜索表单，在结构设计上十分简单，也没有更多复杂的内容。

图16.13 "搜索"部分

```
<ul>
  <li>
        <form action="#" method="get" name="searchform" id="searchform">
        <div>
        <input type="text" name="s" id="s" size="15" value="" />
        <br />
        <input type="submit" value="搜索" />
        </div>
        </form>
  </li>
</ul>
#rightbar { // 定义#rightbar样式
    padding: 0 0 0 25px;
}
#searchform { // 定义表单的样式
    padding-top: 20px;
    text-align: right;
}
#searchform br {
    display: none;
}
#searchform input { // 定义输入框的样式
    margin-bottom: 5px;
}
#searchform #s {
    width: 190px;
}
```

16.2.5 制作"公司新闻动态"部分

"公司新闻动态"部分效果如图16.14所示，主要包括公司的最新新闻动态信息，制作时主要是创建一个无序列表，其CSS代码与16.2.2小节介绍的一致，这里就不再赘述。

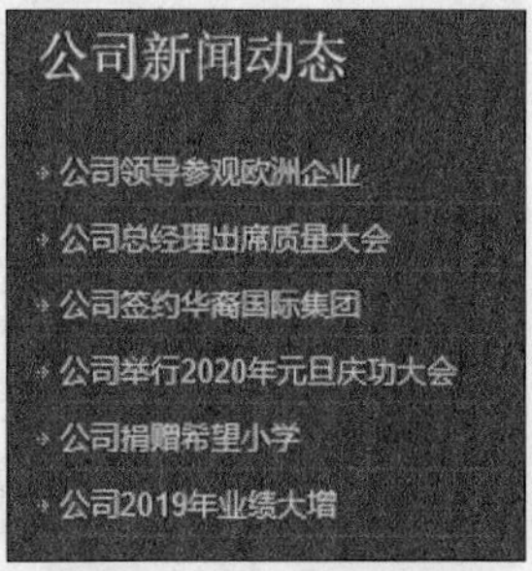

图16.14　"公司新闻动态"部分

```
<li>
        <h2>公司新闻动态</h2>
        <ul>
        <li><a href="#">公司领导参观欧洲企业</a></li>
        <li><a href="#">公司总经理出席质量大会</a></li>
        <li><a href="#">公司签约华裔国际集团</a></li>
        <li><a href="#">公司举行2020年元旦庆功大会</a></li>
        <li><a href="#">公司捐赠希望小学</a></li>
        <li><a href="#">公司2019年业绩大增</a></li>
```

```
    </ul>
  </li>
```

16.2.6　制作"联系我们"部分

"联系我们"部分效果如图16.15所示，主要包括公司的联系信息，制作时主要是创建一个无序列表，其CSS代码也与16.2.2小节介绍的一致，这里就不再赘述。

联系我们

> 地址：北京市朝阳区XXXX里
> 电话：010-0000000
> 传真：010-0000000
> 网址：www.xxxx.net
> 客户服务部
> E-mail:service@xxxx.net

图16.15　"联系我们"部分

```
<li>
    <h2>联系我们</h2>
    <ul>
    <li><a href="#"></a><a href="#">地址：北京市朝阳区XXXX里</a></li>
        <li><a href="#"></a><a href="#">电话：010-0000000</a></li>
        <li><a href="#"></a><a href="#">传真：010-0000000</a></li>
        <li> <a href="#">网址：www.xxxx.net</a></li>
        <li>客户服务部<br/><a href="#">E-mail:service@xxxx.net</a><br/>
        <div id="calendar_wrap"></div>
    </li>
    </ul>
</li>
```

16.2.7　底部版权信息

"footer"层主要用来放一些版权信息和联系方式，与其他网页一样，保持简单、清晰的风格。其HTML框架中没有更多的内容，只有一个<div>标记中包含一个<p>标记。"footer"层的设计要与页面其他部分风格保持一致，这里采用深蓝色的背景配合浅蓝色的文字，效果如图16.16所示。

图16.16　底部版权信息

```
<div id="footer">
  <p>咨询管理中心&copy;2017 All Rights Reserved.</p>
</div>
#footer {// 设置底部#footer对象的样式
    clear: both;
    padding: 40px 0;
    background: #083253;}
```

```
#footer p {text-align: center;
    font-size: 14px;
    color: #0F5B96;}
#footer a {color: #0F5B96;}
```

16.3 本章小结

    企业网站需将商业性和艺术性的结合，好的网站设计，有助于企业树立良好的社会形象，也能比其他的传播媒体更好、更直观地展示企业的产品和服务。

    制作一个完整的企业网站，首先考虑的是网站的主要功能栏目、页面布局。界面设计是网站设计中最重要的环节，而在CSS布局的网站中尤为重要。在传统网站设计中，我们往往根据网站内容规划提出界面设计稿，并根据设计稿进行网页代码的实现。在CSS布局设计中，除了界面设计稿之外，我们需要在设计中更进一步考虑后期CSS布局上的可用性，但是这并不代表CSS布局对设计具有约束与局限。

16.4 课后习题

1. 填空题

    （1）在企业网站的设计中，既要考虑_____，又要考虑_____，企业网站需将商业性和艺术性结合。

    （2）好的企业网站首先看商业性设计，包括_____、_____、_____等。

    （3）网站给人的第一印象是色彩，因此确定_____是相当重要的一步。

    （4）一般企业网站通常都将_____和导航放置在页面的上方，让用户一进入网站就能够看到。

2. 操作题

    制作图16.17所示的企业网站主页。

图16.17　企业网站主页